Datenmanagement mit SPSS
Kontrollierter und beschleunigter Umgang mit Datensätzen, Texten und Werten

Christian F. G. Schendera

Datenmanagement mit SPSS

Kontrollierter und beschleunigter Umgang
mit Datensätzen, Texten und Werten

 Springer

Dipl.-Psych. Christian F. G. Schendera
Mühlingstraße 1
69121 Heidelberg
info@method-consult.de
www.method-consult.de

ISBN-10   3-540-25824-8 Springer Berlin Heidelberg New York
ISBN-13   978-3-540-25824-7 Springer Berlin Heidelberg New York

Bibliografische Information Der Deutschen Bibliothek
Die Deutsche Bibliothek verzeichnet diese Publikation in der Deutschen Nationalbibliografie; detaillierte bibliografische Daten sind im Internet über <http://dnb.ddb.de> abrufbar.

Springer ist ein Unternehmen von Springer Science+Business Media

springer.de

© Springer-Verlag Berlin Heidelberg 2005

Umschlaggestaltung: design & production, Heidelberg

SPIN 11424246   154/3153-5 4 3 2 1 0 – Gedruckt auf säurefreiem Papier

Vorwort und Dank

Datenmanagement ist die Grundlage jeder Datenverarbeitung. Datenmanagement kann alle möglichen Ebenen formatierter Informationen betreffen und in unterschiedlichster Weise ablaufen, z.B. Datensätze zusammenfügen, Variablen umbenennen oder Daten umkodieren. Explizit geplantes und geprüftes Datenmanagement ist die Voraussetzung für einen korrekten Datensatz, die einzig legitime Basis einer glaubwürdigen Entscheidung und Analyse. Dass Datenmanagement oft implizit und im Hintergrund abläuft, verführt oft zu dem Eindruck, dass es nicht existent bzw. essentiell sei. Nicht überprüftes Datenmanagement bedeutet nicht automatisch korrektes Datenmanagement. Datenmanagement als Notwendigkeit fällt erst dann auf, wenn Anwender feststellen, dass sie deshalb mit ihren Daten nicht weiter arbeiten können, weil diese sich nicht in einem auswertungsfähigen Zustand befinden. Nicht ordnungsgemäßer, weil nicht geprüfter Umgang mit Daten ist darüber hinaus eine der Hauptursachen für fehlerhafte Ergebnisse und verschwendete Ressourcen. Dieses Buch möchte helfen, solche Situationen zu vermeiden. Datenmanagement ist jedoch weit mehr als „nur" kontrollierter Umgang mit Daten. Datenmanagement bedeutet auch effizient automatisiertes bzw. beschleunigtes Umgehen mit Daten.

SPSS ist eines der am weitesten verbreiteten Statistikpakete. Schätzungsweise über zwei Millionen Anwender nutzen Software der Firma SPSS Inc. weltweit. Einer der Gründe für die allgemeine Beliebtheit von SPSS ist der unkomplizierte und intuitive Zugang per Mausklick. Optionen für die Mausführung stellen allerdings nur einen Bruchteil der Leistungsfähigkeit von SPSS bereit.

Viele Anwenderinnen und Anwender haben sich wahrscheinlich schon gefragt, ob und wie sie bestimmte Transformationen mit ihren Datensätzen oder Daten ausführen können, die nicht in den Optionen für die Maussteuerung bereitgestellt sind. Viele haben sich wahrscheinlich auch gefragt, ob sich denn ständig gleich ablaufende Aufgaben nicht mit SPSS automatisieren lassen. Ebenso haben sich mit Sicherheit viele schon gewünscht, dass sich hunderte oder tausende von Variablen „auf Knopfdruck" bzw. „von alleine" auswerten.

Dieses Buch wird Sie in die Lage versetzen, derart effizient Ihre Daten aufzubereiten und auszuwerten, dass Sie weit mehr als nur die Zeit für das Lesen und Umsetzen dieses Buches wieder hereinholen. Es ist nicht unrealistisch anzunehmen, dass Sie je nach Projektgröße Wochen oder sogar Monate an Arbeit einsparen können.

Sie werden lernen, SPSS zu kontrollieren. Sie werden verstehen, was SPSS da eigentlich treibt und ob dies eigentlich auch das ist, was SPSS tun soll. Sie werden Ihre Arbeit mit und durch SPSS automatisieren und beschleunigen können. Und Sie werden mit SPSS Analysen oder Transformationen vornehmen können, von denen Sie vorher vielleicht gar nicht angenommen haben, dass SPSS dazu überhaupt in der Lage ist. Mehr Kontrolle, mehr Effizienz und damit im Endeffekt auch mehr Datenqualität tragen insgesamt auch zu einem besseren Gefühl bei der Arbeit mit Datensätzen, Texten und Werten bei.

Auch wenn Sie einen anderen Weg als den des vielleicht liebgewonnenen Mauszugangs gehen müssen, werden Sie eines feststellen: Dieser Weg ist nicht unbedingt schwieriger, wenn man weiß, wie's geht. Sie werden sehen, dass Sie sich damit effektiv die Arbeit leichter machen können. Die eigentliche Power von SPSS steht nur über SPSS-Syntax zur Verfügung. Womit aber gleich eines klargestellt werden sollte: Sie müssen nicht notwendigerweise selbst programmieren können. Dieses Buch wird Ihnen nicht nur zeigen, wie Sie SPSS dazu bringen können, für Sie die notwendige Syntax zu schreiben. In einem kleinen Crashkurs lernen Sie gleich in sieben einfachen Schritten, wie Sie diese Syntax in einfache und dennoch hocheffektive Makros umsetzen können.

Sie werden eines sehen: Die Arbeit mit SPSS-Syntax macht Spaß!

Dieses Buch ist das erste Buch zur Syntaxprogrammierung mit SPSS for Windows bzw. Macintosh im deutschsprachigen Raum, das sich ausschließlich mit Datenmanagement beschäftigt, also dem kontrollierten, effizienten bzw. beschleunigten Umgang mit bzw. zur Analyse von Datensätzen, Daten, Texten und Werten. Insofern ist dieses Buch für alle interessant, die mit SPSS arbeiten, z.B. an Hochschulen, in Lehre, Forschung oder Studium, Unternehmen oder Institutionen. Aus allen Einsatz- und Anwendungsbereichen, z.B. Medizin, Biometrie, Business Intelligence, VWL/BWL, Marktforschung, Evaluation, Sozial- und Rechtswissenschaften usw. Dieses Buch ist auf dem Stand von SPSS 13 (Mai 2005), aber innerhalb von SPSS for Windows und SPSS for Macintosh auch für ältere SPSS-Versionen geeignet.

Dieses Buch ist konzipiert für Einsteiger, aber auch für Fortgeschrittene. Kenntnisse von Programmiersprachen sind keinesfalls Voraussetzung. Die Konzeption des Buches versucht, den Einstieg zu unterstützen und zu beschleunigen. Die Kapitel des Buches sind nach Anwendungen (z.B. die Analyse von Textangaben) geordnet und nach Schwierigkeit gestaffelt. Am Anfang eines Kapitels kommen die einfachen, dann die zunehmend schwierigen Beispiele. Jedes Beispiel wird ausführlich erläutert, um die Abläufe seitens SPSS transparent und verständlich zu machen. Abschließend enthält das Buch eine Übersicht über die wichtigsten Programmierbefehle (Version 13).

Das Besondere an diesem Buch sind neben der Didaktik u.a. der Ansatz des ablauforientierten anstelle des (zu oft voreiligen) ergebnisorientierten Arbeitens, die Ansätze zur Auswertung von (halb)offenen Textantworten, die Analyse von Mehrfachantworten, das Kapitel zur Makroprogrammierung, das Umgehen mit Zeit- und Datumsvariablen, die verschiedenen Varianten zum Umstrukturieren von Datensätzen, das Einlesen von (un)regelmäßigen Daten oder auch das Handling von Missings, Konvertieren von Variablen oder Werten usw.

Syntax ist die einzige Möglichkeit, ablauforientiert die Richtigkeit des eigenen Tuns protokollieren und z.B. für Reviews oder zur Qualitätssicherung dokumentieren zu können. SPSS-Syntax ist u.a. transparent, wiederverwendbar und austauschbar. Da Syntax erfahrungsgemäß hochgradig auf-, wie auch abwärtskompatibel ist, funktionieren einmal geschriebene Syntax- und Makroprogramme mit nahezu allen SPSS-Versionen (auch auf dem Macintosh). Somit sind Syntax- und Makroprogrammierung eine Investition in die Zukunft, die sich bezahlt machen wird. Nutzen Sie die Power von SPSS.

Falls Sie Fragen zum Datenmanagement mit SPSS, Vorschläge oder Anregungen zu diesem Buch haben oder sich vielleicht in Datenmanagement schulen lassen wollen, dann können Sie sich gerne an mich direkt wenden. Ich freue mich über Ihre Zuschrift. Separate Kapitel im hinteren Teil des Buches führen Sie weiter.

Dieses Buch wäre nicht ohne die Unterstützung meiner Kollegen, Mitarbeiter, Freunde und Bekannten zustandegekommen. Ihnen allen möchte ich an dieser Stelle herzlichst danken. Mein Dank gilt der Firma SPSS GmbH Software (München) für die großzügige Bereitstellung der Software und der technischen Dokumentation. Bei Herrn Dr. Müller (Springer-Verlag, Heidelberg) bedanke ich mich für das Vertrauen, dieses Buch herauszubringen. Stud.cand. Peter Bonata (Kaiserlautern) steuerte Konzeption und Grundlegung des Makrokapitels und viele Anregungen dazu bei. Die Druckformatvorlage gestaltete Volker Stehle (Eppingen). Falls in diesem Buch noch irgendwas unklar oder fehlerhaft sein sollte, dann tragen sie keinesfalls die Verantwortung, diese liegt ausschließlich beim Autor. Dieses Buch ist der Musik und Kunst von Sigur Ros gewidmet.

Heidelberg, Juni 2005   CFG Schendera

Inhalt

1. Nicht aller Anfang ist schwer

1.1. Was ist Datenmanagement? Braucht man das?

Datenmanagement ist die Grundlage jeder Datenverarbeitung. Es wird so selbstverständlich praktiziert, dass es als Management von Daten kaum bewusst wahrgenommen wird. Beispiele sind das Hinzufügen neuer Variablen oder Werte, Korrigieren, Sortieren oder das Ergänzen von Daten. Viele statistische Verfahren führen zuerst Datenmanagementoperationen durch, bevor sie die eigentliche Analyse vornehmen. Nichtparametrische Tests bilden vor dem eigentlichen Test z.B. Ränge.

Datenmanagement bedeutet jedoch noch viel mehr, z.B. Transponieren, Bilden von Subsets über Filter, Gruppenvariablen oder Zufallsfunktionen, Bilden neuer Variablen oder Werte über Umkodierungen oder arithmetische Operationen, Zusammenfügen von Datensätzen, uvam.

Datenmanagement ist essentiell. Professionelles Datenmanagement ist die Voraussetzung für einen korrekten Datensatz und ein Datensatz ist die Basis Ihrer wissenschaftlichen Arbeit. Jede Analyse bzw. jede Fragestellung *setzt voraus*, dass die Transformation bzw. das Ergebnis (Zustand) von Datensätzen (Dateien), Werten (Zeichen) oder Variablen (Datenfelder) korrekt ist. Diese Überprüfung übernimmt kein Statistikprogramm der Welt; diese Prüfungen müssen und können nur die Anwender selbst vornehmen. Nicht überprüftes Datenmanagement bedeutet nicht automatisch korrektes Datenmanagement. Erst wenn Sie *100% genau wissen*, dass Ihre Datengrundlage *völlig in Ordnung* ist (und nicht mehr *vermuten*, dass sie *wahrscheinlich* in Ordnung ist), können und dürfen Sie mit Auswertungen fortfahren.

Beherzigen Sie für Ihr weiteres wissenschaftliches Arbeiten u.a. folgende Ratschläge (vgl. dazu auch Kap. 8).

- Trauen Sie Ihren Daten nicht, trauen Sie schon gar nicht den Daten von Dritten und erst recht nicht einem Analyseprogramm, nicht einmal SPSS.

- Prüfen Sie *jede* Eingabe doppelt. Bei der menschlichen Dateneingabe per Hand treten ca. 5% Fehler auf.

- Erstellen Sie Sicherheitskopien von *jeder* Datensatzversion.

- Protokollieren Sie sorgfältig *jede* Änderung an Ihrem Datensatz und zwar per Syntax. Stellen Sie sich nur mal vor, Sie nehmen stundenlang von Hand aufwendige, wenn nicht sogar komplizierte Korrekturen an ihrem Datensatz vor und dann stellt sich heraus, dass aufgrund eines Hard- oder Softwarefehlers keine der Änderungen umgesetzt wurde. Dieser Aufwand war umsonst. Dies wäre nicht passiert, wenn die Modifikationen per Syntax vorgenommen worden wären.

- Nicht alle Voreinstellungen von SPSS (z.B. die für Missings) werden Ihrer Analyse immer automatisch angemessen sein. Darüber hinaus funktioniert nicht einmal ein Statistikprogramm 100% ordnungsgemäß. Deshalb: Vertrauen ist gut, Kontrolle jedoch viel besser.

- Prüfen Sie *jede* unprotokollierte Änderung an Ihrem Datensatz daraufhin, ob diese gezielt und legitim oder zufällig und unberechtigt ist, u.a. am Umfang des Datensatzes (Variablen, MB/KB-Größe) oder auch am Speicherdatum.

- Prüfen Sie immer *mehrmals* die Funktionalität Ihrer Syntax. Kommentieren Sie in Ihrer Syntax die Operationen, die diese ausführen soll.

Planung ist alles...

Viele Projekte bleiben „hängen", weil die Verantwortlichen nicht wissen, wie die Daten für die Analyse mit SPSS vorbereitet werden müssen.

Datenmanagement kommt immer vor der eigentlichen Analyse. Erstens zeitlich: Datenmanagement kommt immer zeitlich vor der eigentlichen Analyse bzw. Entscheidung; auch unterlassenes (und daher nicht geprüftes) Datenmanagement *ist* Datenmanagement und womöglich sogar *fehlerhaftes* Datenmanagement. Zweitens kausal: Geplantes und explizites Datenmanagement machen Analysen und darauf aufbauende Entscheidungen oft erst möglich.

Vielen ist nicht klar, wie aufwendig oder kompliziert die Datenvor- und -nachbereitung sein kann. Hinweise auf die Dimensionen können Veröffentlichungen zu Data Warehouses entnommen werden. Nach Cabena et al. (1998, 43) entfallen darauf z.B. 90% des Zeitaufwands. Der Verfasser betreute unter anderem ein Projekt, bei dem das Verhältnis der Aufwendungen für Datenmanagement und Datenanalyse in einem Verhältnis von 20:1 standen. Solche Ausmaße sind durchaus realistisch und werden ausschließlich und alleine von den Eigenschaften der betroffenen Datensätze (Dateien), Variablen (Datenfelder) und Werte (Zeichen) bestimmt. Man sollte erst dann behaupten, dass Datensätze, Variablen und Werte in Ordnung sind, wenn man sich davon überzeugt hat. Die dazu erforderlichen Ressourcen und Fähigkeiten sollten keinesfalls unterschätzt werden.

Wenn der Aufwand und die Komplexität des Datenmanagements nicht angemessen eingeschätzt werden, gerät man bei einem Projekt leicht in Konflikt mit Ressourcen und Deadlines. Bei einem Projekt (Analyse, Fragestellung) vermeidet man die skizzierten Probleme (Verzögerungen, Ressourcenvergeudung, Qualitätseinbußen, nicht eingehaltene Dokumentations- bzw. Nachweispflicht) während der Analysephase, wenn von vorneherein eindeutig transparent und geplant ist, wie die Daten für die weiteren Projektphasen aufbereitet werden sollen und welche Maßnahmen und Fähigkeiten dafür erforderlich sind.

Datenmanagement: Ein Thema mit Variationen...

Datenmanagement kann verschiedene Ebenen formatierter Informationen betreffen, z.B. Datensätze (Dateien), Variablen (Datenfelder) und Werte (Zeichen). Je nachdem, welche Ebene betroffen ist, kann Datenmanagement in unterschiedlichster Weise ablaufen.

Umgangssprachlich laufen scheinbar dieselben Prozesse ab, z.B. das „Zusammenfügen" von Datensätzen, Variablen und Daten. Da die dahinter ablaufenden technischen Prozesse jedoch völlig andere sind, werden die Abläufe im Detail mit unterschiedlichen, aus der Informatik stammenden Begriffen auseinandergehalten, die sich z.T. wiederum in den einzelnen Programmierbefehlen bzw. -funktionen wiederfinden können. Das „Zusammenfügen" von Datensätzen wird z.B. je nach Art und Weise als „Verketten" bzw. „Joinen" bezeichnet. Das „Zusammenfügen" von Variablen kann als „Neuberechnung" oder „Aggregation" beschrieben werden. Das „Zusammenfügen" von Daten bzw. Werten (z.B. innerhalb einer numerischen Variablen) kann als „Concatenate" bzw. „Verbinden" bezeichnet werden.

Die Art der Analyse bestimmt die Weise des vorangehenden Umgangs mit den Daten. Je nach gewünschter Analyse werden also jeweils andere, vorbereitende Schritte des Datenmanagements erforderlich sein; manchmal sogar mehrere kombiniert. SPSS bietet standardmäßig verschiedene Ansätze zum Aufbereiten von Datensätzen, Variablen und Werten an.

• auf der Ebene von Datensätzen (Dateien): Einlesen, Zusammenfügen bzw. Aufteilen, Umstrukturieren, Transponieren, Fälle bzw. Untergruppen (Subsets) auswählen über Filter, Gruppenvariablen oder Zufallsfunktionen, Anlegen von Zufallsdatensätzen, Speichern.

• auf der Ebene von Variablen (Datenfeldern): Vereinheitlichen, Formatieren und Bilden neuer Variablen (z.B. über Bedingungen, arithmetische Funktionen oder sonstige Operationen), Definieren bzw. Überprüfen von Missings, Gewichtungen.

• auf der Ebene von Werten (Zeichen): Suchen, Zählen, Formatieren, Umkodieren (automatisch, gezielt) uvam. Für den Umgang mit Datums- und Zeitangaben gibt es z.B. spezielle Funktionen für das Zusammenfassen, Konvertieren und Extrahieren.

Die eigentliche Power von SPSS geht allerdings über diese Standardoperationen weit hinaus.

... und noch viel mehr

Die Power von SPSS beginnt an der Stelle, an der diese Basisfunktionen anwendungs- bzw. praxisorientiert umgesetzt werden. Datenmanagement kann somit im Prinzip die Daten für jede denkbare Anwendung, Fragestellung bzw. Analyse vorbereiten. Praxisorientierte Anwendungen von Datenmanagement sind zum Beispiel

• die Analyse von Mehrfachantworten.

• die Analyse von (halb)offenen Textangaben.

• Makroprogrammierung.

In einer separaten Veröffentlichung werden vom selben Autor weitere Möglichkeiten des Datenmanagements mit dem Schwerpunkt der Sicherung von Datenqualität mit SPSS vorgestellt.

• Überprüfung von Datensätzen, Variablen, Werten bzw. Missings auf Vollständigkeit.

- Vereinheitlichung von Kodierungen, Werten bzw. Strings, Datumsvariablen und -werten, Währungen und Messeinheiten, Symbolen oder
  Sonderzeichen oder auch über Zählen von Schablonen.

- Identifizieren, Evaluieren und Entfernen doppelter Datenzeilen.

- Überprüfen von Missings (Anzeigen, Löschen, Rekonstruktion bzw.
  Imputation).

- Überprüfen von Ausreißern (uni-, multivariat).

- Überprüfung von Plausibilität (Datenqualität).

- Überprüfen mehrerer Variablen und Datensätze gleichzeitig.

Ein weiteres interessantes Thema wäre die Arbeit mit Datenbanken. Dies
kann aber in diesem noch eher grundsätzlichen Rahmen nicht vorgestellt
werden. Die Makroprogrammierung wird im Kontext von Datenmanagement deshalb vorgestellt, weil SPSS-Makros ein ausgezeichnetes Instru-
ment sind, um durch Automatisierung wiederholtes bzw. multivariates
Management von Daten oder Analysen extrem zu beschleunigen.

Absicht dieses Buches

Eine der vielen Ursachen für die fälschliche Annahme, dass sich Daten *automatisch* in einem auswertungsfähigen Zustand befinden, ist, dass derzeit
zu anwendungsorientiertem Datenmanagement mit SPSS keine Literatur
zur Verfügung steht. Dieses Buch versucht diese Lücke in mehrerer Hinsicht zu schließen. Es möchte die fundamentale Rolle von explizitem und
kontrolliertem Datenmanagement für die Analyse von Daten hervorheben,
vor allem, indem es den Zugang zur eigentlichen Power von SPSS zu
Einsatzmöglichkeiten öffnet, die weit über die Optionen für Mauslenker
hinausgehen.

Die Didaktik des Buches ist anwendungs- und erfolgsorientiert. Die
Einsatzmöglichkeiten des vielleicht anfangs noch ungewohnten Datenmanagements mit SPSS-Syntax sind dabei nach praxisorientierten Fragestellungen geordnet, z.B. Analyse von (halb)offenen Textfragen, Umstrukturieren von Datensätzen oder Makroprogrammierung und darin wieder von
den unkomplizierten Zugängen, die bis zu recht anspruchsvollen und
mächtigen Ansätzen gesteigert werden.

Der Sinn dieser sukzessiven Steigerung anhand von SPSS-Syntax ist
dabei nicht nur zu zeigen, wie nachhaltig effektiv und effizient Datenmanagement sein kann, sondern auch, dass Datenmanagement sorgfältig geplant, explizit und transparent sein muss. Letztlich soll dies eine Sensibili-
sierung dafür sein, bei Analysen nicht bloß ergebnisorientiert mit dem

SPSS-Ausgabefenster zu arbeiten, sondern vor allem und zunächst *ablauf-orientiert* mit dem ausgegebenen Syntaxprotokoll und dem selbst angelegten Syntaxprogramm. Die Ergebnisse sind erst dann einzusehen, wenn Optionen und Art ihrer Anforderung überprüft und für in Ordnung befunden sind.

Die Herabsetzung von Datenmanagement zu „Fußarbeit" wäre eine völlige Verkennung des Stellenwerts dieser Tätigkeit und ihrer Komplexität. Ein Anliegen dieses Buches ist es daher auch, diese zu oft vernachlässigte Tätigkeit und ihre Bedeutung in den Vordergrund zu rücken. Intelligentes Datenmanagement *ist* unabdingbare Grundlage und Voraussetzung für informationsbasierte Entscheidungen in allen Anwendungsbereichen und -ebenen.

1.2. Wieso Syntax?

Dies ist die am häufigsten gestellte Frage und soll daher auch gleich beantwortet werden. Wieso Syntax? Nicht nur, weil Sie per Syntaxsteuerung letztlich schneller, sorgfältiger und flexibler arbeiten können. Jemand, der bereits einigermaßen gut mit Syntax programmieren kann, schlägt Mauslenker um Längen.

Der Hauptgrund ist: Ein Syntaxprotokoll bzw. ein Syntaxprogramm ist die einzige Möglichkeit, die getätigten Mausklicks zu kontrollieren; es gibt dazu keine Alternative. Die Abfolge von Mausklicks wird sonst in keiner anderen Form protokolliert. Anzunehmen, dass am Ergebnis, einer SPSS-Ausgabe, die Art und Abfolge von Mausklicks kontrolliert werden kann, ist ein grundlegender Irrtum.

Eine Ausgabe gibt nur das deskriptive, grafische oder inferenzstatistische Ergebnis wieder, protokolliert aber nicht alle SPSS-Voreinstellungen, z.B. den Umgang mit Missings. Auch ist es eine Fehleinschätzung davon auszugehen, sich immer die getätigten Mausklicks merken zu können; das geht schon gar nicht in der Situation, wenn man sich verklickt hat. Die Maussteuerung ist dafür typischerweise sehr anfällig.

Ablauforientiertes Arbeiten vor ergebnisorientiertem Arbeiten!

Letztlich soll dies eine Schulung dafür sein, bei Analysen ablauforientiert mit dem ausgegebenen Syntaxprotokoll und dem selbst angelegten Syntaxprogramm zu arbeiten. Die Ergebnisse sind erst dann einzusehen, wenn die SPSS-Optionen und die Art ihrer Anforderung überprüft und für in Ordnung befunden wurden.

Syntaxprogrammierung hat nur Vorteile

- Validierung: Syntaxsteuerung birgt in sich den konstruktiv zu sehenden Zwang zur inhaltlichen Validierung einer Analyse; damit ist gemeint, dass Programmieren eher dazu zwingt nachzudenken, warum und wieso etwas von SPSS ausgeführt werden soll als Maussteuerungen, die durchaus auch mal gedankenlos erfolgen können. Die mechanische Anwendung von Menüs, Buttons und Optionen ist generell nicht zu empfehlen.

- SPSS als Syntaxgenerator: SPSS kann so eingestellt werden, dass es zu den Mausklicks und Eingaben die im Hintergrund generierte Befehlssyntax ausgibt, die Sie dann für eigene Zwecke abspeichern, kopieren, umschreiben, erweitern (und vieles andere mehr) können.

- Automatisierbarkeit und Wiederverwendbarkeit: Einmal geschrieben oder gespeichert, können Sie ein Syntaxprogramm immer wieder verwenden.

- Geschwindigkeit: Die Abarbeitung eines Syntaxprogramms ist um ein Vielfaches schneller als das (wiederholte) Anklicken von Menüs.

- Offenheit: Sie können ein Programm immer wieder durch direktes Hineinkopieren von Codezeilen oder auch von Hand erweitern bzw. überarbeiten.

- Erweiterbarkeit: Sie können den regulären Leistungsumfang von SPSS erweitern, indem Sie über Programme oder Skripte zusätzliche Funktionen in SPSS integrieren.

- Effizienz: Sie können Programmcodes zu Makros umschreiben, die die Automatisierbarkeit und Effizienz von Prozessabläufen noch weiter erhöhen. Mit zunehmender Professionalisierung sind Sie mit Syntax in der Lage, (u.a. über Makros) Programme zu schreiben, die z.B. mit nur einem Bruchteil an Codezeilen denselben Leistungsumfang erreichen.

- Flexibilität: Syntaxsteuerung ist flexibler und bietet mehr Möglichkeiten des Datenmanagements als eine Menüsteuerung; es gibt in SPSS einige Funktionen, die Sie nicht über die Maus-, sondern nur über die Syntaxsteuerung ansprechen können (z.B. MANOVA, Ridge Regression).

- Übersichtlichkeit und Systematisierung: Syntaxsteuerung bietet Übersichtlichkeit bei der Auswertung auch von mehreren hundert Variablen. Syntax ist für die Analyse großer Datensätze weitaus geeigneter als Maussteuerung.

- Einheitlichkeit: Syntax ist eine einheitliche und technisch klar definierte Sprache und erklärt sich im Prinzip stets selbst. Eine Anleitung für die Syntaxsteuerung ist insofern auch eine Anleitung für die Maussteuerung.

- Kommunikation: Der Austausch von prinzipiell selbsterklärender Syntax zwischen oder innerhalb international arbeitender Forschungsprojekte erleichtert die Kommunikation, Evaluation und Interaktion und trägt zu ihrer Präzisierung bei. In den syntaxorientierten Kapiteln kann z.B. über die Erläuterung der dazugehörigen Syntax der Leistungsumfang der diversen Prozeduren differenzierter beschrieben werden als über Abbildungen.

- Individualisierung: Syntaxsteuerung erlaubt, anhand der Syntax jede eingestellte Option zu überprüfen; das bedeutet, Sie entdecken dadurch auch (zwar gutgemeinte) Voreinstellungen seitens SPSS, die aber gerade für Ihre individuelle Datensituation definitiv dysfunktional sein können. Vertrauen ist gut, Kontrolle besser.

- Austausch: Syntaxprogramme können als Textdokumente in alle Welt verschickt werden; falls Sie z.B. Fragen zur Angemessenheit einer Analyse haben, kopieren Sie einfach die Syntax in eine E-Mail und schicken diese ab. Mausklicks können Sie nicht versenden.

- Protokollierung und Dokumentation: Dieser Aspekt ist nicht unwichtig und kann helfen, v.a. bei Peer-Reviews und Evaluationen peinliche Situationen zu verhindern. Falls Sie z.B. eine langwierige Analyse per Maussteuerung vorgenommen haben und jemand möchte sehen, *wie* Sie die Analyse gerechnet haben und Sie haben dann kein Syntaxprogramm parat, dann müssen Sie mindestens mit kritischen Fragen, Mehrarbeit (die Sie sich hätten ersparen können) oder sogar (evtl. unnötige) Ablehnung von Veröffentlichungen oder Ressourcen rechnen. Manche Institutionen fordern standardmäßig die Analysesyntax mit ein, um Arbeiten oder Projekte begutachten zu können.

- Permanenz: Jahrelanges Mausklicken können Sie nicht speichern. Aber jahrelanges Syntaxprogrammieren. Wenn Sie einmal ein Programm geschrieben haben, können Sie es auch Jahre später unverändert wieder verwenden. Einmal seitens SPSS angebotene Syntax wird auch nicht „weggeworfen". Wird über die Menüsteuerung eine Syntax (z.B. LOGLINEAR, gibt keine Abweichungsresiduen aus) durch eine andere ersetzt (z.B. GENLOG, gibt Abweichungsresiduen aus), kann dennoch auf die Vorteile der ersetzten Verfahren zurückgegriffen werden. LOGLINEAR ermöglicht z.B. im Gegensatz zu GENLOG die Kategorien eines Faktors über Kontraste zu reparametrisieren. Was man also mit GENLOG nicht über den Maus- und Syntaxzugriff berechnen kann, schafft LOGLINEAR über die Syntaxsteuerung.

- Unabhängigkeit: SPSS-Syntax ist aufwärtskompatibel und weitestgehend plattformunabhängig. Ist einmal ein SPSS-Programm geschrieben, läuft es auf jeder höheren SPSS-Version (was auch bedeutet, dass einmal geschriebene Syntax automatisch auch ggf. optimierte Algorithmen anspricht). Schließt das SPSS-Programm keine hardwarebezogenen Spezifika mit ein, ist der SPSS-Code darüber hinaus plattformunabhängig (vgl. die Anmerkungen zu SPSS for Macintosh am Ende des Buches). Wenn Sie andere Betriebssysteme anschaffen, können Sie SPSS-Programme weiterverwenden.

- Fehlerresistenz: Syntax ist generell weniger fehleranfällig und funktioniert auch dann, wenn Buttons oder Menüs bei der Maussteuerung versagen (siehe z.B. bei MAPS). Bei mausgesteuerter Analyse können nicht selten Fehler in der Programmierung der Buttons dazwischenfunken.

Was spricht dann eigentlich noch gegen die Syntaxprogrammierung? Nicht einmal mehr die Standardantwort, Syntaxprogrammieren sei schwer. Das einzige, was jetzt zu tun ist, ist zu zeigen, dass Syntaxprogrammieren ziemlich leicht ist und meiner Erfahrung nach mehr Spaß macht als Maussteuerung. Syntax und Produktionsmodus sind in der SPSS-Studentenversion nicht verfügbar.

2. Start! Am Anfang ist der Datensatz

In diesem Kapitel wird ein Datensatz zunächst per Mausklick geladen. Die von SPSS dabei ausgegebene Syntax wird als erstes eigenes SPSS-Programm verwendet. Die Basissyntax wird später weiter verfeinert, z.B. wird der geöffnete Datensatz unter anderem Namen abgespeichert.

2.1. Einstellungssache ist alles!

Bevor Sie irgendeinen Finger rühren, aktivieren Sie unter Bearbeiten → Optionen in der Registerkarte "Text-Viewer" die Option "Befehle im Log anzeigen". Aktivieren Sie außerdem unter Bearbeiten → Optionen in der Registerkarte "Allgemein" die Option "Syntaxfenster beim Starten öffnen".

Starten Sie nun SPSS und öffnen Sie zunächst einen Datensatz Ihrer Wahl über die Maussteuerung. Sie müssen dazu wissen, wie die Datei heißt und wo die Datei gespeichert ist (Speicherort, Pfad). Sobald der Datensatz geladen ist, sehen Sie sich bitte die protokollierte Syntax im Ausgabefenster an. So wird der Code aussehen, den Sie am Ende dieses Buches programmieren können. Speichern Sie diesen Datensatz unter einem beliebigen anderen Namen ab. Wechseln Sie nun in das Syntaxfenster.

2.2. Das Syntaxfenster

Das Syntaxfenster ist ab sofort Ihr Arbeitsplatz. Es unterscheidet sich bis auf den neuen Menüpunkt „Ausführen" nicht wesentlich von den Fenstern der Daten- bzw. Variablenansicht oder Ausgabe. Beachten Sie bitte bei dieser Gelegenheit in der Menüleiste das Diskettensymbol. Dieses Speichersymbol ist so lange grau unterlegt (und somit inaktiv, es kann also keine Speicherung vorgenommen werden), solange Sie keine Änderung an der Syntax vorgenommen haben. Solange das Speichersymbol inaktiv ist, kann keine Speicherung vorgenommen werden. Kopieren Sie nun die von SPSS ausgegebene Syntax in dieses Fenster. Achten Sie wieder auf das

Diskettensymbol. Das Speichersymbol ist nicht mehr grau unterlegt; nach dem Anklicken könnte nun eine Speicherung vorgenommen werden. Geben Sie dem Syntaxfenster einen aussagekräftigen Namen und speichern Sie es damit ab.

Mit dem Menüpunkt „Ausführen" können Sie einstellen, ob Sie von der Befehlssyntax im aktiven Syntaxfenster

- ALLES (das komplette Syntaxfenster, egal ob markiert oder nicht)

- AUSWAHL (nur die markierten Abschnitte)

- AKTUELLEN BEFEHL (nur den Befehl, bei dem sich der Cursor gerade befindet)

- BIS ENDE (von der aktuellen Cursorposition bis zum Ende der Befehlssyntax)

abarbeiten lassen wollen.

Diese Optionen sind v.a. bei längeren Syntaxprogrammen von Vorteil. Beim Abschicken von wenigen Zeilen haben diese i.A. denselben Effekt. Probieren Sie die Möglichkeiten des Ausführens an den folgenden Befehlen aus.

2.3. Die Grundoperationen an einem Datensatz

Grundoperationen deshalb, weil Sie damit den Datensatz nur laden, anlegen oder zwischenspeichern, aber am Inhalt nichts ändern (außer dem Namen). Die folgenden Beispiele geben die Syntax so wieder, wie sie SPSS im Ausgabefenster protokolliert. In dieser Einführung werden nur die Grundlagen erläutert. Details, die hier nicht erklärt werden (z.B. COMPRESSED), werden später erläutert.

Öffnen eines kompletten Datensatzes

```
z.B.
GET
  FILE='C:\Eigene Dateien\Ihre_Daten.sav'.
```

Anlegen eines Datensatzes unter anderem Namen, z.B. "Ihre_Daten"

z.B.
```
SAVE OUTFILE='C:\Eigene Dateien\Ihre_Daten.sav'
 /COMPRESSED.
```

Zwischenspeichern eines Datensatzes, z.B. "Ihre_Daten"

a) Mausklick auf das Diskettensymbol (einfacher geht's nicht!)
b) SAVE OUTFILE='C:\Eigene Dateien\Ihre_Daten.sav'
   /COMPRESSED.

Wie anhand der ausgegebenen Syntax zu erkennen ist, ist SPSS wegen der angezeigten Option COMPRESSD beim Speichervorgang so voreingestellt, dass ein Datensatz komprimiert abgespeichert wird. Das Ausmaß der Komprimierung derselben Daten kann je nach SPSS-Version, Betriebssystem und Hardwarespezifika unterschiedlich sein. Dem Vorteil komprimierter Daten, nämlich geringerer Speicherplatz auf Datenträgern, steht der Nachteil gegenüber, dass komprimierte Daten üblicherweise langsamer gelesen werden. Wird eine schnellere Verarbeitung gewünscht, kann beim Speichervorgang UNCOMPRESSED angegeben werden. Beim Ladevorgang kann nicht zwischen komprimierten und unkomprimierten Daten gewählt werden.

2.4. Erste Verfeinerungen

Erste Verfeinerungen können z.B. darin bestehen, dass nicht der komplette Datensatz geladen wird, sondern nur ausgewählte Variablen bzw. dass der geöffnete (Teil)Datensatz unter einem anderen Namen abgespeichert wird.

Öffnen eines Teils eines Datensatzes, z.B. KEEP-Option

```
GET
 FILE='C:\Eigene Dateien\Ihre_Daten.sav'
 /KEEP=alter.
```
Der geöffnete Datensatz enthält nur die Variable Alter.

z.B. DROP-Option

```
GET
 FILE='C:\Eigene Dateien\Ihre_Daten.sav'
 /DROP=alter.
```
Der geöffnete Datensatz enthält alle Variablen *außer* Alter.

Speichern eines Teiles eines Datensatzes z.B. KEEP-Option

```
SAVE OUTFILE='C:\Eigene Dateien\Ihre_Daten.sav'
  /COMPRESSED
  /KEEP=alter.
```

Der gespeicherte Teildatensatz enthält nur die Variable Alter und wird unter einem anderen Namen abgespeichert.

z.B. DROP-Option

```
SAVE OUTFILE='C:\Eigene Dateien\Ihre_Daten.sav'
  /COMPRESSED
  /DROP=alter.
```

Der gespeicherte Teildatensatz enthält alle Variablen *außer* Alter.

Unterschiedliche Schreibweisen der Syntax, z.B. ein Wechsel zwischen Groß- und Kleinschreibung, dienen in späteren Kapiteln nur der Veranschaulichung der Flexibilität von SPSS und haben im Allgemeinen keinen Einfluss auf die Funktionalität der Programme. Weiterführende Hinweise für die Arbeit mit Syntaxprogrammen finden Sie unter Kapitel 8.

Aufgaben

- Öffnen Sie einen kompletten Datensatz Ihrer Wahl.

- Öffnen Sie einen Teil eines Datensatzes mit der KEEP-Option.

- Öffnen Sie einen Teil eines Datensatzes mit der DROP-Option.

- Speichern Sie einen kompletten Datensatz Ihrer Wahl.

- Speichern einen Teil eines Datensatzes unter einem anderen Namen, jeweils mit der KEEP- und DROP-Option.

- Verwenden Sie beim Öffnen oder Speichern eines Teils eines Datensatzes die KEEP- und DROP-Option gleichzeitig.

- Versuchen Sie einen Teil eines Datensatzes unter dem Namen des noch aktiven ganzen Datensatzes zu speichern.

Probieren Sie dabei auch die Möglichkeiten des Ausführens aus.

3. Datenmanagement auf Datensatzebene

Das Datenmanagement auf der Ebene des Datensatzes zielt auf Operationen am Datensatz selbst ab, z.B. Laden, Speichern, Unterteilen uvam. Ob Variablen in irgendeiner Form von diesen Operationen betroffen sind, ist von nachgeordneter Bedeutung.

Zu beachten ist, dass die Ergebnisse dieser Operationen nur über die Protokollierung durch die Befehlssyntax oder, bei kleineren Datensätzen, am Datensatz und seinen Variablen geprüft werden können und auch immer überprüft werden sollten. Um diese Operationen durchführen zu können, muss der Dateneditor einen aktiven Datensatz enthalten. Zu den in Kapitel 2 bereits vorgestellten Grundoperationen gehören u.a. das Öffnen (GET FILE=), das Umbenennen und das Speichern eines Datensatzes (SAVE OUTFILE=).

Im Folgenden werden die am häufigsten vorkommenden Fälle des komplexeren Datenmanagements vorgestellt und in Syntaxbeispielen dargestellt, u.a. Daten einlesen (3.8.) und Dateien zusammenfügen (3.3.), Transponieren (3.2.) und weitere Formen des Umstrukturierens von Datensätzen (3.6.), Daten aggregieren (3.5.), Dateien aufteilen (3.6.) und die vielen Möglichkeiten des Bildens von Subsets (3.1., u.a. gezielt ausgewählte Fälle, Zufall, alphanumerische oder numerische Filter). Im Prinzip können Sie alle in der Forschungspraxis anfallenden und erforderlichen Datenmanagementaktionen über Syntax steuern.

3.1. Fälle auswählen (Teildatensätze bilden)

Das gezielte Auswählen bestimmter Fälle ist eine oft benötigte Operation beim Datenmanagement. Anhand eines Filters ermitteln Sie aus dem aktiven Datensatz einen Teildatensatz. Zu den verschiedenen Möglichkeiten des Filterns bzw. Ziehens gehören u.a. Zufall/Anteile, Variablenwerte und -bereiche, Fallnummern (Zeilennummern), arithmetische und logische Ausdrücke. Für das Filtern bietet SPSS zahlreiche Möglichkeiten an, u.a. COMPUTE, SAMPLE, SELECT IF (NOT) und USE.

Ziehen bestimmter Fälle (USE)

Es wird ein identisch strukturierter Datensatz aus gezielt gezogenen Datenzeilen (Fällen) gebildet. Für die Ziehung werden die Zeilennummern angegeben.

```
GET FILE='C:\Eigene Dateien\Ihre_Daten.sav'.
FILTER OFF.
use 5 thru 15 .
EXE .
```

Ziehen von Missings (COMPUTE)

Aus einem Datensatz werden mittels einer COMPUTE-Variante nur die Datenzeilen (Fälle) gezogen, die in einer interessierenden Variable (hier z.B. VERSTORB) Missings aufweisen.

```
GET  FILE='C:\Ihre_Daten.sav'.
COMPUTE Filter_$=(MISSING(verstorb)).
VARIABLE LABEL Filter_$ 'MISSING(verstorb) (FILTER)'.
VALUE LABELS Filter_$ 0 'Daten vorhanden' 1 'Missings'.
FORMAT Filter_$ (f1.0).
FILTER BY Filter_$.
SELECT IF (Filter_$=1).
EXE.
```

Ziehen einer Zufallsstichprobe (COMPUTE, SAMPLE)

Mittels COMPUTE wird ein identisch strukturierter Datensatz aus einem festzulegenden prozentualen Anteil zufällig gezogener Fällen gebildet. Für die Ziehung mittels SAMPLE kann ein ungefährer prozentualer Anteil (erstes Beispiel) oder eine exakte Anzahl von Fällen (zweites Beispiel) eingestellt werden.

```
USE ALL.
COMPUTE zufall_$=(uniform(1)<=.10).
VARIABLE LABEL zufall_$ 'Ungefähr 10 % der Fälle (STICHPROBE)'.
FILTER BY zufall_$.
EXE .
```

alternativ (10%, z.B. von N=120):
```
SAMPLE .10 .
```

alternativ (N von N):
```
SAMPLE 24 FROM 120 .
```

COMPUTE bzw. SAMPLE sind besonders geeignet, wenn man ohne großen Rechenaufwand erste Ergebnisse einsehen möchte, obwohl die Anzahl der Fälle sehr groß ist. SAMPLE rechnet im Gegensatz zu COMPUTE nicht exakt, sondern nur ungefähr. Während COMPUTE 24 Fälle zieht, kann SAMPLE ohne weiteres zwischen 8 und 20 Fällen ziehen. Prüfen Sie vorsichtshalber die Ergebnisse von SAMPLE.

Filter (SELECT IF)

Fälle einfach und gezielt über Bedingungen auswählen

Falls eine Bedingung zutrifft

Filter auf der Basis von SELECT IF funktionieren bei String- und numerischen Variablen.

```
select if (alter > 40).
exe.
select if (studium = 'Medizin').
exe.
```

Das erste SELECT IF-Beispiel bildet einen Subdatensatz, der alle Fälle enthält, deren (numerischer) Wert ALTER größer als 40 ist. Das zweite SELECT IF-Beispiel bildet einen Subdatensatz, der alle Fälle enthält, die in der Stringvariable STUDIUM die Angabe „Medizin" haben. Werden beide Filter direkt hintereinander abgeschickt, verbleibt ein Subdatensatz für Fälle, deren ALTER-Werte größer als 40 sind und die gleichzeitig die Angabe „Medizin" gemacht haben.

Falls mehrere Bedingungen zutreffen

```
select if (alter > 40 & studium = 'Medizin').
exe.
```

Werden die beiden oben vorgestellten Filter miteinander verknüpft, so ist das Ergebnis dasselbe, als ob sie direkt hintereinander abgeschickt werden. Es verbleibt ein Subdatensatz für alle die Fälle, deren Werte in ALTER größer als 40 sind und die gleichzeitig in STUDIUM die Angabe „Medizin" gemacht haben.

Falls viele Bedingungen zutreffen können

```
select if any (PROBAND, 1, 2, 3, 4, 7, 9, 10, 132, 145, 674, 7845).
exe.
```

Mit diesem SELECT IF ANY-Befehl werden all die Fälle zusammengestellt, die in der Variable PROBAND die Werte 1, 2, 3, 4, 7, 9, 10, 132, 145, 674 oder 7845 aufweisen.

Falls viele Bedingungen NICHT zutreffen sollen

```
select if not any (PROBAND, 1, 2, 3, 4, 7, 9, 10, 132, 145, 674, 7845).
exe.
```

Mit diesem SELECT IF NOT ANY-Befehl werden alle Fälle ausgeschlossen bzw. ausgefiltert, die in der Variable PROBAND die Werte 1, 2, 3, usw. aufweisen.

Fälle über Filtervariable auswählen

Falls eine numerische Bedingung zutrifft

Die folgenden Filter funktionieren nur bei numerischen oder numerisch kodierten Variablen.

```
USE ALL.
COMPUTE alter_$=(alter > 40).
VARIABLE LABEL alter_$ 'alter > 40 (FILTER)'.
VALUE LABELS alter_$  0 'Nicht ausgewählt' 1 'Ausgewählt'.
FILTER BY alter_$.
EXE .
```

Diese Option legt eine Filtervariable „alter_$" an. Mittels dieser Filtervariablen wird ein Subdatensatz gebildet, der alle Fälle älter als 40 Jahre enthält.

Falls mehrere numerische Bedingungen zutreffen

```
USE ALL.
COMPUTE multi_$=(alter > 40 & jahre > 5 & wohnen2 > 1 ).
VARIABLE LABEL multi_$ 'alter > 40 &  jahre  > 5  & wohnen2  > 1
(NFILTER1)'.
VALUE LABELS multi_$  0 'Nicht ausgewählt' 1 'Ausgewählt'.
FILTER BY multi_$.
EXE .
```

Diese Option bildet einen Subdatensatz, in dem alle Fälle enthalten sind, die älter als 40 Jahre alt sind, länger als 5 Jahre eine Beziehung haben und länger als 1 Jahr zusammen wohnen.

Gefilterte Datensätze anlegen

Falls eine alphanumerische Bedingung zutrifft

Bei alphanumerischen Variablen wird ein wenig anders gearbeitet.

```
GET FILE='C:\Eigene Dateien\Ihre_Daten.sav'.
SELECT
IF (BERUF2 EQ 'Jura').
SAVE OUTFILE='C:\Eigene Dateien\SFILTER.sav'
 /COMPRESSED
 /KEEP=ID BERUF2 ALTER.
```

Diese Option bildet einen Subdatensatz, in dem alle Fälle enthalten sind, die als Beruf „Jura" angegeben haben. Achtung, es kommt auf die Groß- und Kleinschreibung und korrekte Schreibweise an.

Falls viele Bedingungen zutreffen können

```
select if any (BERUF, "Ärztin", "Architektin", "Juristin",
                      "Medizinerin", "Polizistin").
exe.
```

Mit diesem SELECT IF ANY-Befehl werden all die Fälle zusammenge-stellt, die in der Variable BERUF exakt die Zeichenketten "Ärztin", "Ar-chitektin", "Juristin", "Medizinerin" oder "Polizistin" aufweisen. Achtung, es kommt auf die Groß- und Kleinschreibung und korrekte Schreibweise an.

Falls numerische und alphanumerische Bedingungen zugleich zutreffen

```
GET
  FILE='C:\Eigene Dateien\Ihre_Daten.sav'.
SELECT
IF (BERUF2 EQ 'Jura').
SAVE OUTFILE='C:\Eigene Dateien\MFILTER.sav'
 /COMPRESSED
 /KEEP=ID BERUF2 ALTER SCHWERE.

GET
  FILE='C:\Eigene Dateien\MFILTER.sav'.
COMPUTE multi2_$=(alter > 40 &  schwere eq 4).
VARIABLE LABEL multi2_$ 'alter > 40 &  schwere eq 4 (NFILTER3)'.
```

```
VALUE LABELS multi2_$  0 'Nicht ausgewählt' 1 'Ausgewählt'.
FILTER BY multi2_$.
EXE.
```

Diese beiden Programmschritte bilden über den Subdatensatz MFILTER eine Datenteilmenge, in der nur Fälle enthalten sind, die als Beruf „Jura" angegeben haben, älter als 40 Jahre alt sind und die bei „Schwere" eine „4" („sehr schwer") angaben. Achtung, es kommt auf die Groß- und Kleinschreibung und korrekte Schreibweise an.

Exkurs: Neben Vergleichsoperatoren (< , > , <= , >= , = , <> können Sie & , ~ (NOT) und | (OR) und zahlreiche Funktionen verwenden.

Tücken beim Filtern – Missings

Missings können Probleme beim Ausfiltern von Daten bereiten. Sollen z.B. mittels des nächsten Filters alle QUELLEN ausgeschlossen werden, die nicht den Kode „777" aufweisen, dann werden von SPSS ebenfalls Fälle mit der Kodierung für systemdefinierte Missings ausgeschlossen.

```
* Dieser Filter schließt "777" und Missings gleichzeitig aus. *.
select if (QUELLEN ~=777).
exe.
```

Sollen nur die „777"-Kodierungen ausgefiltert werden und die Missings im Datensatz verbleiben, dann wäre z.B. ein listenweiser SELECT IF ANY-Ansatz angemessen, der SPSS explizit anweist, die Missings in QUELLEN im Datensatz zu belassen.

```
* Dieser Filter schließt nur "777" aus. Die Missings bleiben im Datensatz*.
select if any (QUELLEN, $SYSMIS, 444, 555, 666, 888, 999). *.
exe.
```

3.2. Transponieren (FLIP CASES)

Transponieren funktioniert nur bei numerischen Variablen. Mit "Transponieren" können Sie einen Datensatz "drehen", so dass die Zeilen zu Spalten und die Spalten zu Zeilen werden. Alphanumerische Daten und Kodes gehen beim Drehen verloren bzw. werden zu SYSMIS konvertiert.

```
GET
  FILE='C:\Eigene Dateien\Ihre_Daten.sav' .
FLIP
  VARIABLES= id alter beruf beruf2 jahre wohnen2 /NEWNAME=ecl4.
```

Der gedrehte Datensatz ist nun ein Teildatensatz, noch ohne Namen. Alle nicht gedrehten Variablen gehen verloren. Alphanumerische Daten und Kodes sind zu SYSMIS konvertiert. Die Zellen der Werte von ecl4 definieren die Zellen der Zeile für die neuen Variablennamen.

Die Funktionen CASESTOVARS bzw. VARSTOCASES können mit komplizierteren Datenstrukturen und -transformationen umgehen und werden im Abschnitt zu den anspruchsvolleren Operationen vorgestellt.

3.3. Daten zusammenfügen (ADD FILES, MATCH FILES, UPDATE)

Fälle hinzufügen – Fälle aus identisch strukturierten Datensätzen (ADD FILES)

Mit ADD FILES fügen Sie Ihrem Datensatz ausschließlich Fälle zu bereits vorhandenen Variablen hinzu. MATCH FILES (s.u.) wird oft verwendet, um für dieselben Fälle verschiedene Variablen zusammenzustellen. Für ADD FILES müssen alle Datensätze im SPSS-Format sein und die gleichen Variablennamen und -formate aufweisen.

```
ADD FILES
    FILE='C:\Daten\Data1.sav'
    /FILE='C:\Daten\Data2.sav'.
    SAVE
OUTFILE='C:\Daten\Data1+2.sav'.
```

```
ADD FILES
    /FILE=*
    /FILE='C:\Daten.sav'.
    EXE.
```

Der Datensatz DATA2 wird unter den Datensatz DATA1 gehängt. Der neue Datensatz DATA1+2.sav enthält nun alle Fälle beider Datensätze. Die Fälle aus DATA1 sind vor den Fällen aus DATA2 angeordnet (vgl. Beispiel links). Ohne die explizite Spezifikation der Einlese- und Ausgabedatensätze (z.B. ohne SAVE OUTFILE bzw. mittels /FILE=*) kann ein unbeabsichtigtes wiederholtes Ausführen eines Programms zu einem mehrmaligen „Auffüllen" des aktiven Datensatzes führen (vgl. Beispiel rechts). Probieren Sie es aus, und seien Sie vorgewarnt.

Variablen hinzufügen – Variablen aus identisch strukturierten Datensätzen einschließlich ID-Variable (MATCH FILES)

Mit MATCH FILES fügen Sie Ihrem Datensatz neue und zwar verschiedene Variablen hinzu. MATCH FILES wird oft verwendet, um für dieselben Fälle verschiedene Variablen zusammenzustellen. Möchten Sie Ihrem Datensatz ausschließlich bereits vorhandene Variablen hinzufügen, verwenden Sie ADD FILES (s.o.). Für MATCH FILES müssen alle Datensätze im SPSS-Format sein und idealerweise Keys enthalten, nicht jedoch die gleichen Variablennamen und -formate.

Aufgabe

Erstellen Sie aus Ihrem Datensatz zwei Subdatensätze (z.B. DATA1 und DATA2), die jeweils eine ID-Variable und verschiedene Variablen, aber dieselben Fälle enthalten. Verbinden Sie die beiden Datensätze mit folgendem Programmcode:

```
MATCH FILES                        MATCH FILES
   /FILE='C:\DATA1.sav'               /FILE='C:\DATA1.sav'
   /FILE='C:\DATA2.sav'               /FILE='C:\DATA2.sav'.
   /BY ID.                         SAVE OUTFILE='C:\DATA3b.sav'.
SAVE OUTFILE='C:\DATA3a.sav'.
```

Der Datensatz DATA2 wird rechts neben den Datensatz DATA1 platziert. Der neue Datensatz DATA3a.sav enthält nun alle Variablen (und alle Fälle) beider Datensätze, geordnet nach einer ID (vgl. Beispiel links). Die Datensätze DATA1 und DATA2 sollten dabei gleich sortiert sein. Falls jedoch die KEY-Abfolge in beiden Datensätzen auch unsortiert absolut identisch ist, funktioniert das Mergen trotzdem und die Fehlermeldung von SPSS kann ignoriert werden. Das Zusammenfügen kann auch ohne ID-Variable funktionieren (vgl. Beispiel rechts). Sie können auch mehrere Datensätze auf einmal zusammenfügen, z.B.:

```
MATCH FILES
   /FILE='C:\DATA1.sav'
   /FILE='C:\DATA2.sav'
   /FILE='C:\DATA3.sav'
   /FILE='C:\DATA4.sav'
   /BY ID.
SAVE OUTFILE='C:\DATA3c.sav'.
```

Die Datensätze DATA1 bis DATA4werden nebeneinandergesetzt. Der Datensatz DATA3c.sav enthält nun alle Variablen und Fälle aller vier Datensätze.

Werte aktualisieren (UPDATE)

UPDATE dient der Aktualisierung von *Werten* in einem Datensatz. Zum Vergleich: ADD FILES fügt neue *Fälle* hinzu. MATCH FILES fügt neue *Variablen* hinzu. UPDATE funktioniert dabei so, dass in einem sog. Masterdatensatz (z.B. MASTER) die zu ersetzenden Werte enthalten sind und in einem aktualisierten Datensatz (z.B. AKTUELL) die neuen Werte enthalten sind. Beide Datensätze müssen im SPSS-Format sein und dieselben Keys, Variablennamen und -formate enthalten. Die Werte im Masterdatensatz werden durch die Werte aus dem aktuellen Datensatz überschrieben.

```
UPDATEFILE=MASTER
/FILE=AKTUELL
/BY=ID.
SAVE OUTFILE='C:\Eigene Dateien\MASTER2.SAV' .
```

Speichern Sie den aktualisierten Masterdatensatz unter einem anderen Namen wie den alten Masterdatensatz ab, z.B. MASTER2. Es wäre verheerend, wenn Sie feststellen zu müssten, dass der Masterdatensatz eventuell versehentlich mit den falschen Werten überschrieben wurde und eine Kopie von MASTER nicht mehr vorhanden wäre. Sicher ist sicher.

Aufgabe

Probieren Sie die Möglichkeiten des mausgesteuerten Zusammenfügens von Dateien und Variablen aus, sehen Sie die Syntax ein (erschrecken Sie nicht!), kopieren diese in Ihr Syntaxfenster und schicken Sie diese wiederholt ab. Beobachten Sie das Verhalten von SPSS.

3.4. Zugriff auf mehrere Datensätze und Variablen gleichzeitig

Der Vorteil der Syntaxsteuerung ist, auch komplexe Operationen des Datenzugriffs kontrolliert ablaufen lassen zu können. Das folgende Beispiel beschreibt das Anlegen eines Datensatzes MATCH.SAV, der aus Variablen der Datensätze SOZIOS.SAV, LABOR.SAV, FOLLOW.SAV und STRESS.SAV, BDRUCK.SAV und PULS.SAV zusammengestellt wird (die sich z.T. in verschiedenen Verzeichnissen befinden (b)), wobei der Zugriff so erfolgt, dass manchmal nur auf einen Datensatz (a, b), dann auf mehrere Datensätze hintereinander (c) zugegriffen wird. In einem solchen mehrstufigen Zugriff ist es wichtig zu beachten, dass alle Variablen weiterhin behalten werden, die auch in den vorangegangenen Schritten behalten wurden. Wichtig ist also die KEEP-Option; mit ihr wird festgelegt, welche Variablen behalten werden .

```
*-- Öffnen eines ersten Datensatzes und Behalten erster Variablen --*.
get file ='C:\Eigene Dateien\sozios.sav' /
```

```
keep =ZENTRUM PATID ALTER SEX DIAGNOS.
exe.
sort cases by ZENTRUM PATID.
exe.

*-(a)-- Zugriff auf mehrere Variablen in einem Datensatz --*.
match files file =* /
    table ='C:\Eigene Dateien\labor.sav' /
        keep =ZENTRUM to DIAGNOS LABOR1 LABOR2 /
        by =ZENTRUM PATID.
        exe.

*-(b)-- Zugriff auf einen Datensatz in einem anderen Verzeichnis --*.
match files file =* /
    table ='C:\Eigene Dateien\Follow-Up\follow.sav' /
        keep =ZENTRUM to LABOR2 FOLLOWU1 FOLLOWU2 /
        by =ZENTRUM PATID.
        exe.

*-(c)-- Zugriff auf mehrere Datensätze gleichzeitig --*.
match files file =* /
    table ='C:\Eigene Dateien\stress.sav' /
    table ='C:\Eigene Dateien\bdruck.sav' /
    table ='C:\Eigene Dateien\puls.sav' /
    keep =ZENTRUM to FOLLOWU2 STRESS1 STRESS2 BDRUCKSY
        BDRUCKDI PULST1 PULST2 PULST3 /
    by =ZENTRUM PATID .
exe.
save outfile='C:\match.sav' .
exe.
```

Der Datensatz SOZIOS.SAV wird geladen; es werden die Variablen ZENTRUM, PATID, ALTER, SEX bzw. DIAGNOS behalten und über ZENTRUM und PATID sortiert. Die Sortierung ist notwendig, damit die Daten der anderen Datensätze eben über diese beiden Identifikationsvariablen passgenau angefügt werden können. Aus LABOR.SAV werden z.B. die Variablen LABOR1 und LABOR2 übernommen (und natürlich alle vorher vorhandenen Variablen, ZENTRUM bis DIAGNOS behalten). Aus FOLLOW.SAV werden FOLLOWU1 und FOLLOWU2 übernommen (und natürlich alle vorher vorhandenen Variablen, ZENTRUM bis LABOR2 behalten). Aus den Datensätzen STRESS, DBDRUCK und PULS werden auf gleiche Weise die Variablen STRESS1, STRESS2, BDRUCKSY, BDRUCKDI, PULST1, PULST2 und PULST3 übernommen.

Das Zusammenfügen von Variablen aus verschiedenen Datensätzen (u.U. aus verschiedenen Quellen, Rechnern oder Bearbeitern) stößt dabei auf mehrere, fast schon klassisch zu nennende Probleme, die ihr Zusammenfügen in einen Analysedatensatz erschweren können:

- Die Datensätze werden von SPSS nicht in der Verzeichnisstruktur des Rechners gefunden. Abhilfe: Passen Sie die Pfadangaben im Programm an die Verzeichnisstruktur Ihres Rechners, die konkreten Speicherorte der Datensätze an.

- Die Datensätze enthalten *nicht* die notwendigen ID-Variablen. Abhilfe: Legen Sie ID-Variablen an; entweder über Syntaxbefehle oder notfalls von Hand.

- Die Datensätze enthalten die ID-Variablen, aber mit jeweils anderem Namen. Abhilfe: Gleichen Sie die Namen der ID-Variablen an.

- Die Datensätze enthalten ID-Variablen mit gleichem Namen, nur mit unterschiedlichen Eigenschaften (z.B. String vs. numerisch, Länge o.ä.) Abhilfe: Gleichen Sie die Eigenschaften der ID-Variablen an.

Das Zusammenfügen von Dateien und Variablen ist oft ziemlich umständlich und über Maussteuerung nicht selten komfortabler zu bedienen; die *Protokollierung* und *Kontrolle* der Arbeitsschritte über Syntax, Log und die jeweils ausgegebenen Arbeitsdateien ist jedoch unerreicht.

3.5. Daten aggregieren (AGGREGATE)

Bei der Option "Daten aggregieren" wird im Prinzip ein Zieldatensatz angelegt, der auf zusammengefassten Werten, Fällen oder Variablen eines Startdatensatzes basiert. Die Art der Zusammenfassung, z.B. als Häufigkeiten oder Mittelwerte, kann vorgegeben werden, auch, ob eine Klassifikationsvariable (BREAK) berücksichtigt werden soll. Die Breakvariable kann eine numerische Variable oder eine Stringvariable sein. Die Quellvariablen für die Aggregierungsfunktionen müssen numerisch sein.

Syntax

```
data list list
/key gruppe  wert1  wert2   wert3.
begin data
699    1    11,50   9,00    8,00
658    1    10,00   8,00   19,00
697    2     8,00   7,00    4,00
698    1    10,00   6,00    2,00
...gekürzt...
```

```
1488   2    18,00   16,00   14,50
1479   2    21,00   16,00   11,00
1468   1    14,00   15,00   25,00
1464   1    28,00   27,00   24,00
1555   1     2,00    4,00    5,00
end data.
AGGREGATE
 /OUTFILE='C:\AGGREDAT.SAV'
 /BREAK=gruppe
 /wertagg1 = MEAN(wert1)
 /wertagg2 = MEAN(wert2)
 /wertagg3 = MEAN(wert3).
EXE.

GET
 FILE='C:\AGGREDAT.SAV'.

LIST variables = GRUPPE wertagg1 wertagg2 wertagg3 .
```

Output

Liste

gruppe wertagg1 wertagg2 wertagg3

```
1,00    17,07   14,81   12,71
2,00    20,13   17,13   13,44
```

Number of cases read: 2   Number of cases listed: 2

Im Beispiel laufen drei Vorgänge gleichzeitig ab: Datenzeilen (Fälle) werden für Variablen (hier: WERT1, WERT2 und WERT3) in Form von Mittelwerten (über die Funktion MEAN) zusammengefasst (aggregiert) und in den neu angelegten Variablen WERTAGG1 bis WERTAGG 3 abgelegt. Eine Breakvariable (hier: GRUPPE) wird definiert, die den Vorgang der Aggregation wie auch die Anlage neuer Werte im Datensatz gruppiert (Daten können nur dann BREAK-weise aggregiert werden, wenn sie vorher auch in den jew. Ausprägungen der Breakvariable vorkommen). Über OUTFILE= wird eine neue Datei (hier: AGGREDAT) angelegt, die die ausgewählte Breakvariable und die angelegten aggregierten Variablen enthält. Mit LIST wird der Inhalt des Datensatzes AGGREDAT angezeigt. Wie zu sehen ist, enthalten die Variablen WERTAGG1 bis WERTAGG3 für jede Ausprägung von GRUPPE einen zusammenfassenden Mittelwert für die ursprünglichen Variablen WERT1 bis WERT3. Eine weitere Anwendung von AGGREGATE für die Ermittlung der Anzahl unterschiedlicher Werte in einem Datensatz finden Sie im Abschnitt zu den komplexeren Operationen. Mit AGGREGATE können auch Variablenlabels angelegt werden, jedoch nur bis maximal 120 Zeichen Länge.

3.6. Datei aufteilen (SPLIT FILE)

Mit dieser Option kann ein Datensatz für separate Analysen in Subdatensätze zerlegt werden. Wenn Sie z.B. vor einer Analyse programmieren

```
SORT CASES BY gschlech .
SPLIT FILE
  SEPARATE BY gschlech .
```

werden alle Analysen getrennt für Frauen und Männer durchgeführt und separat dargestellt. Wenn Sie aber vor einer Analyse programmieren

```
SORT CASES BY gschlech .
SPLIT FILE
  LAYERED BY gschlech .
```

werden die Analysen in *einer* Tabelle dargestellt.

Der Datensatz muss jeweils nach der Aufteilungsvariablen sortiert sein. Achten Sie darauf, dass die SPLIT Operation nicht mehr aktiv ist (über SPLIT FILE OFF), wenn Sie Analysen für den *vollständigen* Datensatz vornehmen wollen.

3.7. Umstrukturieren eines Datensatzes

Umstrukturieren eines Datensatzes ("Aus 3 mach 1")

Vor speziellen Analysen, z.B. Zeitreihenanalysen, ist es oft notwendig, die Daten entsprechend aufzubereiten. Nicht selten ist z.B. der Fall, dass drei Variablen pro Vpn (DOSIS1 bis DOSIS3) in eine einzelne Variable DOSIS (z.B. mit den Ausprägungen 1, 2 und 3) transformiert werden müssen. Der Datensatz wird dabei völlig umstrukturiert.

Beispiel

Die Struktur des Datensatz START soll in die Struktur des Datensatz ZIEL umgewandelt werden. Der Datensatz START enthält neben ID drei Variablen DOSIS, die Messdaten zu verschiedenen Zeitpunkten 1, 2 und 3, aber zur selben Variable enthalten, z.B. die Dosis einer bestimmten Wirkstoffkonzentration.

Code-Beispiel

Datensatz START

ID	DOSIS1	DOSIS2	DOSIS3
01	45	78	76
02	35	82	83
03	55	78	78
04	40	66	72
05	50	72	85

Datensatz ZIEL

ID	ZEIT	DOSIS
01	1	45
01	2	78
01	3	76
02	1	35
02	2	82
02	3	83
03	1	.....

Ein eher umständliches Beispiel

```
get file = 'C:\start.sav'.
sort cases by id.
flip variables =dosis1 dosis2 dosis3
   /NEWNAME=id .
rename variables case_lbl = zeit2.
recode ZEIT2 ('DOSIS1'=1) ('DOSIS2'=2) ('DOSIS3'=3) (ELSE=SYSMIS)
into ZEIT .
save outfile = 'C:\gesamt.sav'.
exe.
get file = 'C:\gesamt.sav'.
rename variables v1 = dosis.
save outfile = 'C:\v1.sav'
/keep zeit dosis.
exe.

get file = 'C:\gesamt.sav'.
rename variables v2 = dosis.
save outfile = 'C:\v2.sav'
/keep zeit dosis.
exe.

get file = 'C:\v1.sav'.
add files /file = *
/file = 'C:\v2.sav'.
exe.

IF ($casenum <= 3) id = 1 .
IF ($casenum >= 4) id = 2 .
exe .
value lables id 1'ID1' 2 'ID2'.

save outfile = 'C:\ziel.sav'
   /compressed.
exe .
```

Dieser Lösungsansatz gestattet die Umdefinition von IDs, was besonders geeignet ist, wenn mehrere, v.a. unregelmäßige IDs vorliegen und geändert werden sollen. Für ein bloßes Umstrukturieren eines Datensatzes gibt es jedoch eine elegantere Lösung (s.u.).

Eine Alternative, wenn ZEIT eine Stringvariable sein soll

```
get file = 'C:\start.sav'.
sort cases by id.
flip variables =dosis1 dosis2 dosis3
    /NEWNAME=id .
rename variables case_lbl = zeit.
recode  ZEIT  ('DOSIS1'='ZEIT1')  ('DOSIS2'='ZEIT2')  ('DOSIS3'='ZEIT3')
(ELSE=' ') .
save outfile = 'C:\gesamt.sav'.
exe.

get file = 'C:\gesamt.sav'.
rename variables v1 = dosis.
save outfile = 'C:\v1.sav'
/keep zeit dosis.
exe.

get file = 'C:\gesamt.sav'.
rename variables v2 = dosis.
save outfile = 'C:\v2.sav'
/keep zeit dosis.
exe.

get file = 'C:\v1.sav'.
add files /file = *
/file = 'C:\v2.sav'.
exe.
IF ($casenum <= 3) id = 1 .
IF ($casenum >= 4) id = 2 .
EXE .
value lables id 1'ID1' 2 'ID2'.

save outfile = 'C:\ziel.sav'
/compressed.
exe.
```

Dieser Lösungsansatz gestattet die Redefinition von IDs, was besonders geeignet ist, wenn mehrere, v.a. unregelmäßige IDs vorliegen und geändert werden sollen. Für ein bloßes Umstrukturieren eines Datensatzes gibt es jedoch eine elegantere Lösung (s.u.).

Eine elegante Alternative

```
get file = 'C:\start.sav'.
vector D_=DOSIS1 to DOSIS3.
loop ZEIT=1 TO 3.
compute DOSIS=D_(ZEIT).
xsave outfile 'tmp'
/keep ID ZEIT DOSIS.
end loop.
exe.
get file 'TMP'.
exe.
save outfile = 'C:\gesamt.sav'.
exe.
get file = 'C:\gesamt.sav'.
exe.
```

Das sog. „Loopen" eines Datensatzes ist ähnlich wie das Transponieren eine Technik des Datenmanagements und dient dem Aufbereiten von Daten für eine Analyse. Beim Transponieren werden Zeilen und Spalten eines Datensatzes einfach gedreht. Aus Zeilen werden Spalten und aus Spalten werden Zeilen. Das Loopen ist eine ähnliche, aber etwas trickreichere Technik. Nehmen wir beispielsweise an, für eine Person liegt eine Variable vor, die mehrfach erhoben wurde (z.B. DOSIS1 bis DOSIS3). Diese Variable bildet eine Variablenliste aus semant. identischen Variablen. Diese Darstellung von Werten könnte aber auch völlig anders aussehen, nämlich als *eine* einheitliche Variable DOSIS, die den zu diesem Messzeitpunkt erhobenen Wert enthält und in Form einer zweiten, *zusätzlich* angelegten Variable (z.B. ZEIT) eine Kodierung, die angibt, für welchen Messzeitpunkt dieser Wert vorliegt. Der zweifache Unterschied ist der: Vorher lag für eine Person eine Datenzeile mit vier Variablen vor (ID und DOSIS1 bis einschl. DOSIS3), danach liegen nur drei Variablen vor, nämlich ID, ZEIT und DOSIS, allerdings liegen nun *drei* Datenzeilen vor (zur Veranschaulichung könnte man auch etwas vereinfachend formulieren: die Spalten wurden um das 3fache verringert, die Zeilen um das 3fache verlängert). Einfach formuliert wird das mehrfache Auftreten einer semantisch identischen Variable in Form einer eigens angelegten (Klassifikations)Variable kodiert und der Datensatz entsprechend umstrukturiert. Die Zeilen und Spalten werden zwar nicht vertauscht, allerdings verringert sich Anzahl der Variablen, wohingegen sich der Datensatz proportional um die entsprechende Anzahl der Datenzeilen verlängert. Der Inhalt des Datensatzes selbst bleibt unverändert; er ist nur anders strukturiert bzw. kodiert.

Der Vorteil des Loopens ist, dass er die Daten in einer Art und Weise aufbereitet, dass mit ihnen überhaupt erst grafische und statistische Analysen durchgeführt werden können. Viele der SPSS-Menüs bzw. -Prozeduren können erst mit einer Gruppierungsvariablen ausgeführt werden wie sie das Loopen erzeugt. Mit den ursprünglich einzelnen Variablen (z.B. DOSIS1 bis DOSIS3) wären solche Analysen erst gar nicht möglich. Ein Nebeneffekt des angewandten Loopens ist, dass ein Datensatz entsprechend übersichtlicher wird, weil die Variablenreihe kürzer wird.

Das Loopen zählt zu den fortschrittlicheren Techniken des Datenmanagement und ist daher nicht über die Menüführung bzw. Maussteuerung in SPSS zugänglich, sondern über die Syntaxsteuerung und dort genauer über die SPSS-Prozedur VECTOR (siehe SPSS Command Syntax Reference).

Man kann natürlich einen Datensatz in die umgekehrte Richtung transformieren. Das Umstrukturieren von Datensätzen funktioniert selbstverständlich auch für Stringvariablen. Dabei ist darauf zu achten, dass die anzulegenden Stringvariablen vor dem COMPUTE-Statement über den STRING-Befehl definiert werden und dass alle zu loopenden Stringvariablen eine einheitliche Länge aufweisen.

Einen Datensatz umstrukturieren ("Aus 1 mach 3")

Im vorangegangen Beispiel wurden mehrere identische Variablen pro Vpn in eine einzelne Variable transformiert. Mit SPSS kann man einen Datensatz natürlich auch in die umgekehrte Richtung transformieren: Eine einzelne Variable wird in mehrere identische Variablen pro Vpn transformiert. Der Datensatz wird auch in diesem Fall völlig umstrukturiert.

Beispiel

Die Struktur des Datensatz START soll in die Struktur des Datensatz ZIEL umgewandelt werden. Der Datensatz START enthält neben ID und ZEIT die Variable DOSIS, die in getrennte Variablen zu Messdaten für verschiedene Zeitpunkte zerlegt werden soll.

Code-Beispiel

Datensatz START

ID	DOSIS1	DOSIS2	DOSIS3
01	45	78	76
02	35	82	83
03	55	78	78
04	40	66	72
05	50	72	85

Datensatz ZIEL

ID	ZEIT	DOSIS
01	1	45
01	2	78
01	3	76
02	1	35
02	2	82
02	3	83
03	1	.....

Beispiel

Voraussetzung ist, dass bekannt ist, wieviele Ausprägungen DOSIS maximal annehmen kann und dass START nach ID und ZEIT sortiert ist.

```
GET
  FILE='C:\start.sav'.
FILTER OFF.
USE ALL.
SELECT IF(zeit = 1).
EXE .
SAVE OUTFILE='C:\daten1.sav'
  /KEEP id messa
  /RENAME messa = messa1
  /COMPRESSED.
GET
  FILE='C:\daten1.sav'.
GET
  FILE='C:\start.sav'.
FILTER OFF.
USE ALL.
SELECT IF(zeit = 2).
EXE .
SAVE OUTFILE='C:\daten2.sav'
  /KEEP id messa
  /RENAME messa = messa2
  /COMPRESSED.
GET
  FILE='C:\daten2.sav'.

GET
  FILE='C:\start.sav'.
FILTER OFF.
USE ALL.
SELECT IF(zeit = 3).
EXE .
SAVE OUTFILE='C:\daten3.sav'
  /KEEP id messa
  /RENAME messa = messa3
  /COMPRESSED.
GET
  FILE='C:\daten3.sav'.

GET
  FILE='C:\start.sav'.
FILTER OFF.
USE ALL.
SELECT IF(zeit = 4).
EXE .
SAVE OUTFILE='C:\daten4.sav'
```

```
/KEEP id messa
/RENAME messa = messa4
/COMPRESSED.
GET
 FILE='C:\daten4.sav'.

GET
 FILE='C:\daten1.sav'.
MATCH FILES /FILE=*
/FILE='C:\daten2.sav'.
EXE.
MATCH FILES /FILE=*
/FILE='C:\daten3.sav'.
EXE.
MATCH FILES /FILE=*
/FILE='C:\daten4.sav'.
EXE.
SAVE OUTFILE='C:\ziel.sav' .
```

Mit SPSS können mehrere Variablen gleichzeitig aufgeteilt werden.

Code-Beispiel

Datensatz START

VPN	ZEIT	DOSISA	DOSISB	DOSISC
01	1	45	43	42
01	2	78	76	72
01	3	76	33	56
02	1	35	21 ·	34
02	2	82	56	...
02	3	83	....	

Datensatz ZIEL

VPN	DOSISA1	DOSISA2	DOSISA3	DOSISB1...
01	45	78	76	43 ...
02	35	82	83	21 ...
03	55	78	78	...
04	40	66	72	...

Beispiel

```
GET
 FILE='C:\start.sav'.
FILTER OFF.
USE ALL.
SELECT IF(zeit = 1).
EXE .
```

```
SAVE OUTFILE='C:\daten1.sav'
 /KEEP id dosisa dosisb
 /RENAME dosisa = dosisa1 dosisb=dosisb1
 /COMPRESSED.
GET
 FILE='C:\daten1.sav'.

GET
 FILE='C:\start.sav'.
FILTER OFF.
USE ALL.
SELECT IF(zeit = 2).
EXE .
SAVE OUTFILE='C:\daten2.sav'
 /KEEP id dosisa dosisb
 /RENAME dosisa = dosisa2 dosisb=dosisb2
 /COMPRESSED.
GET
 FILE='C:\daten2.sav'.
GET
 FILE='C:\start.sav'.
FILTER OFF.
USE ALL.
SELECT IF(zeit = 3).
EXE .
SAVE OUTFILE='C:\daten3.sav'
 /KEEP id dosisa dosisb
 /RENAME dosisa = dosisa3 dosisb=dosisb3
 /COMPRESSED.
GET
 FILE='C:\daten3.sav'.
GET
 FILE='C:\start.sav'.
FILTER OFF.
USE ALL.
SELECT IF(zeit = 4).
EXE .
SAVE OUTFILE='C:\daten4.sav'
 /KEEP id dosisa dosisb
 /RENAME dosisa = dosisa4 dosisb=dosisb4
 /COMPRESSED.
GET
 FILE='C:\daten4.sav'.

GET
 FILE='C:\daten1.sav'.
MATCH FILES /FILE=*
 /FILE='C:\daten2.sav'.
EXE.
MATCH FILES /FILE=*
 /FILE='C:\daten3.sav'.
```

```
EXE.
MATCH FILES /FILE=*
/FILE='C:\daten4.sav'.
EXE.
SAVE OUTFILE='C:\ziel.sav' .
```

Komplexe Restrukturierung eines Datensatzes („Spiegeln an der Diagonalen")

Das folgende Makro nimmt eine komplexe Restrukturierung eines Datensatzes vor. Die Struktur des Datensatzes VORHER wird dabei nicht verändert; innerhalb der Variablen GRUPPEN und dreier Spalten (vorher: SPL1-3, nachher KAT1-3) liegen jew. drei Zeilen vor. Allerdings werden die Werte der Variablen SPL1-3 innerhalb der jew. GRUPPEN-Ausprägung an der Diagonalen gespiegelt. Der Wert „333" für GRUPPE1, KAT1 und SPL3 wird zu GRUPPE1, KAT1, aber SPALTNR3. Eine Voraussetzung für das Funktionieren dieses Makros ist also, dass wegen der „Spiegelung" an der Diagonalen die Anzahl der gruppenweisen Zeilen und Spalten gleich sein muss. Lägen z.B. in VORHER mehr Spalten als Zeilen vor, werden diese aus NACHHER ohne Fehlermeldung ausgeschlossen.

Datensatz VORHER
(siehe data list)

GRUPPEN	GRUPPE2	SPL1	SPL2	SPL3
GRUPPE1	KAT1	111	222	333
GRUPPE1	KAT2	444	555	666
GRUPPE1	KAT3	777	888	999
GRUPPE2	KAT1	001	002	003
GRUPPE2	KAT2	004	005	006
GRUPPE2	KAT3	007	008	009

Datensatz NACHHER

SPALTNR	GRUPPEN	KAT1	KAT2	KAT3
1,00	GRUPPE1	111,00	444,00	777,00
2,00	GRUPPE1	222,00	555,00	888,00
3,00	GRUPPE1	333,00	666,00	999,00
1,00	GRUPPE2	1,00	4,00	7,00
2,00	GRUPPE2	2,00	5,00	8,00
3,00	GRUPPE2	3,00	6,00	9,00

Number of cases read: 6   Number of cases listed: 6

Das Programm funktioniert nur für ausschl. numerische Variablen bzw. Werte in den zu spiegelnden Zeilen bzw. Spalten. Sollen also asymmetrische Zeilen und Spalten gespiegelt werden, müsste zuvor über Dummyzeilen oder -spalten die Symmetrie herstellt werden.

Das Makro RESTRUCT ist auf die Struktur des zu transformierenden Datensatzes abgestimmt und muss vor der Transformation des Datensatzes an SPSS übergeben werden.

```
define RESTRUCT ( MAXSPL !tokens(1)
/ QUELLE !ENCLOSE ('(',')') ) .
!do !I = 1 !to !MAXSPL .
save outfile !concat (SPL,!I)
/keep GRUPPEN GRUPPE2 !concat(SPL,!I).
!doend .

!do !SPALTNR = 1 !to !MAXSPL .
get file !concat(SPL,!SPALTNR) .
!let !list = '' .
!do !X !IN (!QUELLE) .
if (GRUPPE2 = !concat("",!X,"")" )
!X = !concat(SPL,!SPALTNR).
!let !list = !concat(!list,!X,' ') .
!doend .
compute SPALTNR = !SPALTNR .
aggregate outfile =*
/break=SPALTNR GRUPPEN
/!list = MAX(!list).
save outfile !concat(SPL,!SPALTNR) .
!doend .

add files !do !SPL = 1 !to !MAXSPL !concat('/ file =SPL',!SPL ) !doend .
sort cases by GRUPPEN SPALTNR .
save outfile 'GEDREHT'
/keep GRUPPEN SPALTNR !list .
!enddefine .
```

Anschließend wird der zu transformierende Datensatz (VORHER.SAV) aktiviert. Das Ergebnis wird als NACHHER.SAV abgelegt.

```
data list
/ GRUPPEN 1-8 (A)  GRUPPE2 10-13  (A)  SPL1 15-17 SPL2 19-21 SPL3 23-25.
BEGIN DATA
GRUPPE1  KAT1 111 222 333
GRUPPE1  KAT2 444 555 666
GRUPPE1  KAT3 777 888 999
GRUPPE2  KAT1 001 002 003
GRUPPE2  KAT2 004 005 006
GRUPPE2  KAT3 007 008 009
```

```
END DATA.
EXE.
save outfile'VORHER.SAV'.
exe.
get file='VORHER.SAV'.
RESTRUCT MAXSPL=3 QUELLE = (KAT1 KAT2 KAT3).
list.
save outfile'NACHHER.SAV'.
exe.
get file='NACHHER.SAV'.
exe.
```

3.8. Einlesen von Daten mit DATA LIST

Über DATA LIST können Rohdaten (Zahlen oder Zeichen) in SPSS eingelesen und mit Labels (für Variablen bzw. Werte) und Formaten (numerisch, String oder Datum) versehen werden. Die Rohdaten können über BEGIN DATA und END DATA) direkt in die Syntax eingegeben werden; über DATA= können die Daten aus einem externen Datensatz eingelesen werden. Die Rohdaten können in festem (FIXED, fixed, SPSS-Default) oder freiem (FREE oder LIST) Format eingelesen werden. Bei der Option FIXED wird für jeden Fall jede Variable aus derselben Spalte eingelesen. In einer Datenzeile befindet sich nur ein Fall. Bei der Option FREE werden für jeden Fall die Variablen in derselben Abfolge eingelesen; die Werte für die Variablen können aber auf mehrere Datenspalten verteilt sein. Bei FREE können in einer Datenzeile entweder mehrere Fälle oder ein Fall in mehreren Datenzeilen vorkommen. Mischformen sind möglich. LIST liest den einfachsten Fall ein, nämlich einen Fall pro Variable und Zeile.

3.8.1. Freies Einlesen von Daten (Freies Format, FREE)

Beispiel 1: Eine numerische Variable, zstzl. Formatieren

```
data list free
/FLUEGEL .
begin data
3,33,53,63,63,63,63,83,83,83,83,83,93,94,
14,14,24,34,34,34,34,44,44,44,54,8
end data.
exe.
formats FLUEGEL (F2.1).
variable labels FLUEGEL "Flügellängen in mm".
exe.
```

Die Variable FLUEGEL erstreckt sich über zwei Zeilen. FORMATS und VARIABLE LABELS formatieren die Variable nach dem Einlesen der Werte. Die Einrückung am Anfang der zweiten Zeile dient der Darstellung und wird von SPSS nicht als Missing fehlinterpretiert.

Beispiel 2: Zwei numerische Variablen, zstzl. Einlesen von Missings

```
DATA LIST FREE
/VARNUM1 VARNUM2.
BEGIN DATA
1 10 2 11 3 12 4 13 5 14 6 ,, 7 16 8 17 9 ,,
END DATA.
exe.
```

In Beispiel 2 werden zwei numerische Variablen eingelesen (VARNUM1, VARNUM2); ihre Werte befinden sich in einer Datenzeile. Die Werte werden immer in derselben Reihenfolge eingelesen. Der erste Wert wird der ersten Variable (VARNUM1, z.B. 1, 2, 3 etc.) und der zweite Wert der zweiten Variable (VARNUM2, z.B. 10, 11, 12 etc.) zugewiesen. „ „ " (Doppelkomma ohne Abstand) ist ein Platzhalter für Missings. Die Daten werden paarweise eingelesen. Am Ende der Datenreihen liegt ein Wert für VARNUM1, aber nicht für VARNUM2 vor. Wird für VARNUM2 kein „ „ " vergeben, so wird für VARNUM1 der Wert 9 nicht eingelesen (siehe auch die LIST-Variante). Der Hinweis "Warning #1102" kann ignoriert werden. Der entstehende Datensatz ist exakt identisch zur zweiten LIST-Variante.

Beispiel 3: Eine Stringvariable, zstzl. Formatieren

```
data list free
   /FARBEN (A6) .
BEGIN DATA
blau rot orange gelb blau rot purpur grau lila braun grün grau rot blau orange
grün grün
END DATA.
SAVE OUTFILE='C:\FARBEN.sav' .
EXE.
variable labels FARBEN "Farben ".
exe.
```

Die Stringvariable FARBEN erstreckt sich über zwei Zeilen. Das Format „(A6)" weist SPSS darauf hin, dass nach BEGIN DATA für die Variable FARBEN Strings eingelesen werden, deren maximale Länge 6 Zeichen beträgt. Die Zeichenlänge wird immer ab der ersten Zeichenstelle bzw. nach der letzten Leerstelle gezählt. Wurden im Datenfeld zwei eigentlich separate Strings (z.B. „Paul" „Paula") versehentlich zusammengeschrieben, so werden sie als ein String eingelesen (z.B. „PaulPaula"), eben weil der notwendige Abstand zum Auseinanderhalten fehlt (dies gilt übrigens auch für numerische Zahlenketten). Ist das Einleseformat (z.B. „A4") kürzer als die tatsächliche Länge der Strings („Paula" hat z.B. fünf Zeichen), so werden sie entsprechend abgeschnitten (z.B. „Paul", aber ebenfalls „Paul" anstelle von „Paula"). Eingelesene Strings daher unbedingt auf Korrektheit i.S.v. Vollständigkeit überprüfen. VARIABLE LABELS formatiert die Variable FARBEN nach dem Einlesen der Werte.

Beispiel 4: Zwei Stringvariablen einschl. Missings

```
DATA LIST FREE (",")
  /FARBEN (A6) BLUMEN (A8) .
BEGIN DATA
blau,tulpe,rot,nelke,orange,  ,gelb,nelke,blau,tulpe,rot,rose,
purpur,tulpe,weiß,rose,lila,tulpe,weiß,orchidee,grün,orchidee,
weiß,rose,rot,rose,blau,tulpe,orange,tulpe,gelb,orchidee,
gelb,orchidee
END DATA.
SAVE OUTFILE='C:\BLUMEN.sav' .
EXE.
```

Es werden zwei Stringvariablen FARBEN und BLUMEN eingelesen, deren maximale Länge sechs bzw. acht Zeichen beträgt. BLUMEN enthält einen fehlenden Wert (sog. Missing; erste Datenzeile, nach „orange"). Die Strings der beiden Stringvariablen FARBEN und BLUMEN erstrecken sich abwechselnd über zwei Zeilen. Zuerst kommt ein String für FARBEN, darauf folgt ein String für BLUMEN usw. Ändert sich die Abfolge, z.B. durch einen fehlenden Wert, werden die Strings zwar korrekt eingelesen, aber den Variablen falsch zugewiesen. Strings für FARBEN werden BLUMEN zugewiesen und umgekehrt (dies gilt im Übrigen auch für numerische Variablen). Damit der fehlende Wert nicht diese abwechselnde Reihenfolge durcheinanderbringt, wird SPSS über die Option „ (" , ") " darauf hingewiesen, die jeweiligen Strings mit Ausnahme des Zeilenanfanges immer ab dem Komma zu zählen. Wird zwischen zwei Kommas kein Wert gefunden, so wird der Platz zwischen den beiden Kommas als Blank, also als Missing eingelesen. Zwischen Komma und einzulesendem String darf sich kein Leerzeichen befinden; es wird sonst als Zeichen (,Blank') eingelesen.

3.8.2. Listenweises Einlesen von Daten (Listenweises Format, LIST)

Beispiel 1: Eine numerische Variable, zstzl. Formatieren

```
data list list /FLUEGEL .
begin data
3,3
3,5
3,6
...Daten gekürzt...
4,5
4,8
end data.
exe.
formats FLUEGEL (F2.1).
variable labels FLUEGEL "Flügellängen in mm".
exe.
```

Die Werte der Variable FLUEGEL befinden sich in einer Datenspalte. FORMATS und VARIABLE LABELS formatieren die Variable nach dem Einlesen der Werte.

Beispiel 2: Zwei numerische Variablen, zstzl. Einlesen eines Missing

```
data list list (",")
/VARNUM1 VARNUM2.
begin data
1, 10
2, 11
3, 12
4, 13
5, 14
6,
7, 16
8, 17
9
end data.
exe.
```

Die Daten der beiden numerischen Variablen (VARNUM1, VARNUM2) werden spaltenweise eingelesen („ , "). Die Warning #1116 kann ignoriert werden. Der entstehende Datensatz ist exakt identisch zur zweiten FREE-Variante. Obwohl nach 9 kein Komma angegeben wird, wird 9 eingelesen (siehe im Vergleich dazu die zweite FREE-Variante). Diese Variante funktioniert jedoch nicht beim Einlesen von Daten mit Nachkommastellen. Beispiel 3 zeigt, wie in diesem Fall vorgegangen wird.

Beispiel 3: Nachkommastellen und Einlesen von Missings

```
data list list (".")
/VARNUM1 VARNUM2.
begin data
1 . 10,1
2 . 11,2
3 . 12,7
4 . 13,3
  . 14,5
6 .   ,5
7 . 16,6
8 . 17,7
9
end data.
exe.
```

Die Variable VARNUM2 enthält im Vergleich zu Beispiel 2 Werte mit Nachkommastellen. Ab BEGIN DATA geht den Werten vor der Nachkommastelle ein Komma voran. Im Klammerausdruck in der Zeile DATA LIST steht ein Punkt anstelle eines Kommas („ . "). Stünde hier ein Komma, könnten die Nachkommastellen der Variable VARNUM2 nicht eingelesen werden. Die Warning #1116 kann ignoriert werden. Obwohl nach 9 kein Punkt angegeben ist, wird der Wert 9 eingelesen.

3.8.3. Spaltenweises Einlesen von Daten (Festes Format, DATA LIST)

Beispiel 1: Variablenreihen (TO-Option)

```
DATA LIST
/ID 1-3 GRUPPE 5(A) ALTER 7-8 VARNUM1 to VARNUM3 10-12 VARCHAR1
to VARCHAR3 14-16 (A).
BEGIN DATA
001 a  8 101 bca
002 a 17 010 abc
003 b 23 110 abc
004 b 75 010 bac
END DATA.
exe.
```

Hinter dem jeweiligen Variablennamen wird die exakte Position des Anfangs und Endes der Werte der jew. Variablen angegeben. Die allerletzte explizite Angabe ist „(A)", wenn die eingelesene Variable für SPSS als Zeichenkette (String) definiert werden soll. Abstände zwischen Variablen bzw. Messwertspalten sind jeweils mit *einer* Position mitzurechnen. Der Abstand zwischen den Variablen ID (ID endet an der Position 3) und GRUPPE beträgt 1 (an der Position 4), deshalb befindet sich der Wert für GRUPPE an der Position 5. Befinden sich zwischen den Wertespalten keine Abstände (z.B. bei den Variablen VARNUM1 bis 3), dann braucht auch kein expliziter Abstand definiert werden. Das weiter unten vorgestellte kleine Makroprogramm ist eleganter und leistungsfähiger als die TO-Option.

Beispiel 2: Werte eines Falles auf zwei Datenzeilen verteilt

```
DATA LIST RECORDS=2
/1 ID (F3.0) GRUPPE (A1) ALTER (F2.0) VARNUM1 to VARNUM3 (3F1.0)
VARCHAR1 to VARCHAR3 (3A1)
/2 PRAEWERT (4x, F2.0) VARNUM4 to VARNUM6 (3F1.0) .
BEGIN DATA
111a 8101bca
111a17010
222b23110abc
222b75010
END DATA.
exe.
```

Die Werte der jew. Fälle (in diesem Beispiel „111" und „222") sind auf zwei Datenzeilen verteilt. RECORDS= gibt die Anzahl der einzulesenden Datenzeilen pro Fall an (hier z.B. 2). Über „/*n*" werden separat pro *n* Datenzeile die Namen und Formate der einzulesenden Variablen festgelegt. Die Klammerangaben hinter den jew. Variablennamen geben das jew. Format und die Häufigkeit ihrer Vergabe an. „3F1.0" bedeutet z.B., dass das Format F1.0 dreimal vergeben wird. In der zweiten Datenzeile sind die Werte der Variable ID (z.B. „111") und GRUPPE (z.B. „a") nochmals enthalten. Um diese Werte nicht doppelt einzulesen, wird *hinter der ersten neuen Variable in der jeweils darauf folgenden Datenzeile* angegeben, welche Datenpositionen davor beim Einlesen übersprungen werden sollen. „/2 PRAEWERT (4x, F2.0)" gibt also an, dass in der zweiten Datenzeile die ersten vier Positionen vor dem Einlesen der Werte für die Variable PRAEWERT übersprungen werden sollen.

3.8.4. Einlesen von externen Daten (FILE=)

Beispiel 1: Spaltenweises Einlesen

```
DATA LIST FILE="C:\IhreDaten\Daten.txt" RECORDS=1
/VARNUM1 1 VARNUM2 3-4.
exe.
```

```
formats VARNUM1 VARNUM2 (F2.0).
variable labels VARNUM1 "Variable 1"
            VARNUM2 "Variable 2".
exe.
```

Über die Option FILE= können Rohdaten (Zahlen oder Zeichen) eingelesen werden, die in einem externen Datensatz im ASCII- bzw. „Nur Text"-Format abgespeichert sind und anschließend mit SPSS-spezifischen Labels (für Variablen bzw. Werte) und Formaten (numerisch, String oder Datum) versehen werden. Im Beispiel befinden sich die Daten in Spalten angeordnet in der Datei „Daten.txt". Die Datei enthält *keine* Variablennamen, Überschriften oder sonstige Zeichen außer den benötigten Werten. FILE= greift über die Pfadangabe (Angabe des Speicherorts und des Dateinamens) direkt auf die spezifizierten Spalten zu, liest die enthaltenen Werte in SPSS ein und formatiert dort diese Daten. Der Variablenname VARNUM1 wird also erst *in SPSS* angelegt und nicht bereits vorher definiert.

Beispiel 2: Werte eines Falles aus selektierten Datenzeilen

```
DATA LIST FILE="C:\IhreDaten\Daten.txt" RECORDS=2
/2 VARNUM 1-3 VARCHAR 3 (A) VARNUM2 5 .
exe.
```

In diesem Beispiel wird davon ausgegangen, dass die Variablen in der Datei „Daten.txt" pro Fall über zwei Datenzeilen verteilt sind. RECORDS= gibt die Anzahl der einzulesenden Datenzeilen pro Fall an (hier z.B. 2). Über „/2" wird festgelegt, *welche Variablen aus der zweiten Datenzeile* eingelesen werden sollen.

3.8.5. Umstrukturierendes Einlesen I (REREAD-Option)

Mittels der REREAD-Option können Rohdaten eingelesen werden, die in einer systematisch unterschiedlichen spaltenweisen Anordnung angelegt sind. Die Daten liegen also in Zeilen vor, die regelmäßig verschoben sind. Im folgenden Beispiel sind die Daten der ID-Zeilen 001 und 003 in der Abfolge ID, WERT1, ZEILTYP und WERT2 angeordnet (wobei diese regelmäßige Positionen aufweisen). Die Daten der ID-Zeilen 002 und 004 sind in der Abfolge ID, ZEILTYP, WERT1 und WERT2 angeordnet (ebenfalls mit regelmäßigen Positionen). Die Datenzeilen 001 bis 004 enthalten also dieselben Variablen, aber in unterschiedlichen Positionen und in unterschiedlichen Abfolgen. Die Daten der ID-Zeilen 005 und 006 sind (absichtlich) chaotisch angeordnet und sollen nicht eingelesen werden.

Beispiel

```
input program.
data list
/ZEILTYP 10-14 (A).
do if (ZEILTYP EQ 'DATAA').
REREAD.
data list
/ID 1-3 WERT1 5-7 WERT2 8-9.
end case.
else if (ZEILTYP EQ 'DATAC').
REREAD.
data list
/ID 1-3 WERT1 16-18 WERT2 19-21.
end case.
end if.
end input program.
begin data
001 11122DATAA
002    DATAC 333 444
003 55566DATAA
004    DATAC 777 888
005 1DATAB
006 xyz   DATAB 123  6
end data.

list.
```

Mit INPUT PROGRAM wird das Einlesen komplexer Datenstrukturen initialisiert. Über DATA LIST werden Rohdaten (Zahlen, Zeichen) eingelesen. DO IF-END IF veranlasst ein bedingtes Einlesen; zunächst werden also über DO IF nur die Fälle „ausgefiltert", die dem Wert der Variablen
ZEILTYP „DATAA" entsprechen. REREAD veranlasst das Programm,
anschließend die gefilterten Datenzeilen nochmals abzuscannen. Die gefilterten Daten werden erst jetzt wie in DATA LIST definiert eingelesen.
Über END CASE werden erst die Datenzeilen mit den entsprechenden
Werten in SPSS angelegt. Anschließend werden über die Bedingung
ELSE-IF die Fälle gefiltert, die dem ZEILTYP „DATAC" entsprechen.
REREAD veranlasst auch hier das Programm, die gefilterten Datenzeilen
nochmals abzuscannen. Die gefilterten Daten werden wie über DATA
LIST vorgegeben eingelesen und über END CASE als Datenzeilen ange-
legt. Über END IF wird die Schleife geschlossen. Über END INPUT
PROGRAM wird der Einlese- und Transformationsabschnitt im Programm
abgeschlossen. LIST gibt die eingelesenen Werte aus.

Liste

ZEILTYP ID WERT1 WERT2

DATAA	1	111	22
DATAC	2	333	44
DATAA	3	555	66
DATAC	4	777	88

Number of cases read: 4   Number of cases listed: 4

Die Datenzeilen 005 und 006 wurden erfolgreich ausgefiltert. Die Variablen aus den Datenzeilen 001 bis 004 wurden erfolgreich untereinandergehängt.

3.8.6. Umstrukturierendes Einlesen II (REPEATING DATA-Option)

REPEATING DATA wird mit INPUT PROGRAM verwendet, um Daten einzulesen, die so angelegt sind, dass eine Datenzeile in regelmäßigen Abständen verteilt mehrere Fälle enthält, wobei dies die Informationen einer oder auch mehrerer Datenspalten sein können. Im folgenden Beispiel sind z.B. die Werte der Variablen STRING „AAAAA", „BBBBB", „CCCCC", „DDDDD" usw. hintereinander angeordnet; nach dem Einlesen werden sie im entstandenen SPSS-Datensatz untereinander angeordnet sein. Voraussetzung für die REPEATING DATA-Option ist, dass die gruppierten Daten in systematisch regelmäßigen Abständen vorliegen.

Syntax

```
input program.
data list
/ ZEILNUM 1-2 NUMVAR1 4-5 ZAHLGRUP 7-8.
repeating data starts=10
/occurs=ZAHLGRUP
/data=STRING 1-8 (A) STRING2 9 (A) NUMVAR2 10-11.
end input program.
begin data
11 01 03 AAAAA    A01BBBBB    B02CCCCC    C03
22 02 03 DDDDD    D04EEEEE    E05FFFFF    F06
33 03 03 GGGGG    G07HHHHH    H08IIIII    I09
44 04 03 JJJJJ    J10KKKKK    K11LLLLL    L12
55 05 03 MMMMM    M13NNNNN    N14OOOOO    O15
66 06 03 PPPPP    P16QQQQQ    Q17RRRRR    R18
end data.
list.
```

Mit INPUT PROGRAM wird das Einlesen komplexer Datenstrukturen initialisiert. In Gestalt von DATA LIST und ab REPEATING DATA folgen
zwei Anweisungen zum Einlesen von Rohdaten (Zahlen, Zeichen).
Mittels DATA LIST werden die ersten, bereits bekannten zeilenweise
einmaligen Informationen an SPSS übergeben, z.B. Name, Position und
Format der Variablen ZEILNUM, NUMVAR und ZAHLGRUP. Die Werte all dieser Variablen werden nach dem Einlesen entsprechend der Anzahl
der Wiederholungen pro Zeile vervielfacht sein. Vor dem Einlesen kommt
z.B. der Wert „05" der Variablen NUMVAR1 nur einmal vor, nach dem
Einlesen dreimal. Die Anzahl der Gruppenwiederholungen muss unter
OCCURS= angegeben werden, hier in Gestalt der Variablen ZAHLGRUP.
Der Wert „03" bedeutet z.B., dass in der betreffenden Zeile eine Werteab-
folge dreimal hintereinander angelegt ist und entsprechend oft eingelesen
werden soll. Der konkrete Einlesevorgang für das zeilenweise wiederholte
Einlesen wird ab REPEATING DATA festgelegt.

Mittels der Option REPEATING DATA wird SPSS angezeigt, dass eine
Datenzeile mehrere Fälle in regelmäßigen Abständen enthält, wobei dies
die Informationen einer oder auch mehrerer Datenspalten sein können.
STARTS= gibt die Startposition an, ab der die Regelmäßigkeit der gruppierten Werte beginnt, hier z.B. an der Position 10. Unter /OCCURS wird
die Variable angegeben, die die Information enthält, wie viele Wiederholungen vorliegen bzw. eingelesen werden sollen. Die Variable
ZAHLGRUP enthält z.B. ausnahmslos den Wert „03", was SPSS veranlasst, drei Wertegruppen einzulesen. Würde in einer Datenzeile der Wert
von ZAHLGRUP z.B. auf „02" verringert werden, würde SPSS in der betreffenden Datenzeile von drei Wertegruppen nur zwei einlesen. Ab
/DATA= werden Name, Position und Format der Variablen ZEILNUM,
NUMVAR und ZAHLGRUP in den wiederholt einzulesenden Wertegruppen angegeben. Die Position bezieht sich dabei auf die unter STARTS=
angegebene relative Startposition und nicht auf die unter /DATA LIST angegebene absolute Position.

Die Anordnung der einzelnen Wertgruppen muss absolut dieser Regelmäßigkeit entsprechen; ansonsten ist SPSS nicht in der Lage, in absolut
regelmäßigen Abständen angeordnete Information gruppierter Werte einzulesen. Über END INPUT PROGRAM wird der Einlese- und Restruktu-
rierungsabschnitt im Programm abgeschlossen. LIST gibt die eingelesenen
Werte aus.

Output

Liste

ZEILNUM	NUMVAR1	ZAHLGRUP	STRING	STRING2	NUMVAR2
11	1	3	AAAAA	A	1
11	1	3	BBBBB	B	2
11	1	3	CCCCC	C	3
22	2	3	DDDDD	D	4
22	2	3	EEEEE	E	5
22	2	3	FFFFF	F	6
33	3	3	GGGGG	G	7
33	3	3	HHHHH	H	8
33	3	3	IIIII	I	9
44	4	3	JJJJJ	J	10
44	4	3	KKKKK	K	11
44	4	3	LLLLL	L	12
55	5	3	MMMMM	M	13
55	5	3	NNNNN	N	14
55	5	3	OOOOO	O	15
66	6	3	PPPPP	P	16
66	6	3	QQQQQ	Q	17
66	6	3	RRRRR	R	18

Number of cases read: 18   Number of cases listed: 18

Dem Output kann entnommen werden, dass die Werte der Variablen im Einleseschritt DATA LIST entsprechend des Wertes der unter /OCCURS= angegebenen Variable vervielfacht werden, vgl. z.B. den Inhalt der Variable VARNUM1. Die Elemente der gruppierten Daten werden jedoch nicht vervielfacht, sondern nur einmal eingelesen, vgl. z.B. den Inhalt der Variablen STRING oder VARNUM2, aber dafür gleichzeitig umstrukturiert, nämlich aus einer zeilenweisen Anordnung in eine spaltenweise Anordnung überführt.

3.9. Anlegen von Zufallsdatensätzen

SPSS ermöglicht, über INPUT PROGRAM Zufallsdatensätze für numerische Zufallsdaten, aber auch für zufällige Kalenderdaten und Zufallsstrings (über STRING und LOOP) anzulegen.

Anlegen eines numerischen Datensatzes

Ein numerischer Zufallsdatensatz kann z.B. mit LOOP und DO REPEAT-
END REPEAT angelegt werden.

```
input program.
loop #Z = 1 to 10000.
do repeat R = ITEM1 to ITEM100.
compute R = normal(1) > 0.5.
end repeat.
end case.
end loop.
end file.
end input program.
exe.
```

Anlegen eines Datumsdatensatzes

Ein Zufallsdatensatz mit Datumsangaben kann mittels der DATE.DMY-
Funktion angelegt werden.

```
input program.
loop #i = 1 to 10.
compute ZDATUM
= xdate.date(rv.uniform(date.dmy(1,1,1950),date.dmy(1,1,2000))).
end case.
end loop.
end file.
end input program.
exe.
formats ZDATUM (edate10).
list.
```

Die Datumsangaben werden im europäischen EDATE-Format ausgegeben.

```
 ZDATUM
25.12.1956
26.07.1971
10.08.1980
15.07.1964
14.10.1957
22.12.1984
26.04.1967
13.04.1972
15.08.1952
28.02.1955

Number of cases read:  10    Number of cases listed:  10
```

Anlegen eines Stringdatensatzes

Ein alphanumerischer Zufallsdatensatz kann über das folgende Programm angelegt werten. Für sein Funktionieren ist nur Voraussetzung, dass ein beliebiger Datensatz geöffnet ist; sonst spielt dieser Datensatz für das Anlegen der Zufallsstrings keine Rolle.

```
string ZSTRING (A10).
loop #i = 1 to 10.
compute
ZSTRING=concat(ltrim(rtrim(ZSTRING)),substr('abcdefghijkmnpqrstuvw
        xyz0123456789äöüß',trunc(uniform(38))+1,1)).
end loop.
exe.
list
variables=ZSTRING.
```

Über LOOP wird der String ZSTRING mit den vorgegebenen Zeichen aus der SUBSTR-Funktion aufgefüllt. Die Länge von ZSTRING entspricht dem maximalen LOOP-Wert, übersteigt jedoch nicht die über A10 definierte Länge. Ist der LOOP-Wert kleiner als der A-Wert, wird ein kürzerer String ausgegeben.

```
ZSTRING

ge1b3kjfiv
9d590sj82t
ß2atqtm9e5
g8sibc7k6q
472fn3sq14
g47mygyhdj
8ß6dfchü8j
q7öxjä3sdp
argaa0örat
```

Number of cases read: 9   Number of cases listed: 9

Aufgaben

- Transponieren: Transponieren Sie einen Datensatz Ihrer Wahl.

- Fügen Sie Fälle aus identisch strukturierten Datensätzen zusammen.

- Fügen Sie Variablen aus identisch strukturierten Datensätzen zusammen.

- Probieren Sie abschließend die Möglichkeiten des mausgesteuerten Zusammenfügens von nicht identisch strukturierten Dateien aus.

- Aggregieren Sie Daten Ihrer Wahl. Verwenden Sie dabei eine alphanumerische Breakvariable.

- Probieren Sie das Aufteilen (SPLIT) eines Datensatzes einmal mit LAYERED und einmal mit SEPARATE aus. Vergleichen Sie die Ausgaben.

- Probieren Sie alle Varianten des Fälleauswählens aus: Das Ziehen bestimmter Fälle (Zeilen), das Ziehen einer Zufallsstichprobe, Filter bei einer oder mehreren alphanumerischen oder numerischen Bedingungen.

4. Datenmanagement auf Variablenebene

Das Datenmanagement auf der Ebene der Variablen zielt auf Operationen an den Variablen selbst ab, z.B. Formatieren und Sortieren, Umkodieren, arithmetische Transformationen, Kategorisieren, uvam. (vgl. v.a. den Menüpunkt „Transformieren"). Ob der Datensatz selbst in irgendeiner Form von diesen Operationen betroffen ist, ist von nachgeordneter Bedeutung.

Zu beachten ist, dass die Wirksamkeit dieser Operationen nicht immer sichtbar, sondern manchmal nur über die Protokollierung durch die Befehlssyntax, im Output oder auch nur an veränderten Einträgen im Datensatz überprüft werden kann und daher auch immer sorgfältig überprüft werden sollte. Gehen Sie nicht davon aus, dass statistische Berechnungen das Komplizierte an Auswertungen sind; es ist häufiger der Fall, dass erforderliche Datenmanagementmaßnahmen komplizierter als Analysen sind. Um diese Operationen durchführen zu können, muss der Dateneditor einen aktiven Datensatz enthalten.

Im Folgenden werden die am häufigsten vorkommenden Fälle vorgestellt und in Syntaxbeispielen dargestellt, zunächst die Grundoperationen und dann anschließend etwas schwierigere.

4.1. Formatieren und Sortieren

Zu den Grundoperationen gehören u.a. das Formatieren, also das Definieren neuer bzw. Ändern bereits vorhandener Namen und Labels von Variablen bzw. Werten und das Sortieren eines Datensatzes. Abgesehen von den Formatierungen ändern diese Operationen den Inhalt eines Datensatzes nicht.

Variablennamen und Variablenlabel

Den Unterschied zwischen Variablennamen und Variablenlabel ist einfach: Der Variablenname ist die Bezeichnung der Variablen für den Rechner; das Variablenlabel ist die Bezeichnung der Variablen für den Menschen. Variablenlabel können nur dann vergeben werden, wenn Variablennamen und somit Variablen mit der entsprechenden Bezeichnung im Datensatz vorhanden sind. Ein Variablenname sollte nur max. 8 Zeichen lang sein. SPSS kann zwar in den neueren Versionen auch mit längeren Variablennamen arbeiten, jedoch (noch) nicht jede Prozedur bzw. Anwendung. Variablennamen bis max. 8 Zeichen gewährleisten eine nicht zu unterschätzende Abwärtskompatibilität. Wenn z.B. größere Forschungsprojekte mit verschiedenen SPSS-Versionen arbeiten, würden z.B. Syntaxprogramme einheitlich auf allen SPSS-Versionen, z.B. 11.5, 12 und 13 laufen. Im Gegensatz dazu würden Programme mit langen Variablennamen (SPSS-Versionen 12 bzw. 13) nicht auf der SPSS-Version 11.5 funktionieren. Ein Variablenlabel kann bis zu 255 Zeichen lang sein; empfohlen wird jedoch eine Länge bis zu 40 Zeichen, da viele Prozeduren überlange Labels abschneiden. Einer der vielen Vorteile der Vergabe von Variablenlabels über Syntax ist übrigens, dass der entsprechende Syntaxabschnitt in ein Textverarbeitungsprogramm kopiert und dort einer Rechtschreibprüfung unterzogen werden kann.

Vergabe/Ändern mehrerer Variablenlabels (VARIABLE LABELS)

```
VARIABLE LABELS
    JAHRE "Beziehungsdauer in Jahren"
    KEY "Suchwort 'Madonna'".
```

Der Variablenname JAHRE ist z.B. die Bezeichnung für den Rechner. Damit im Output nicht „JAHRE", sondern ein aussagefähigeres Label erscheint, wird der Variablen JAHRE das Label "Beziehungsdauer in Jahren" zugewiesen. VARIABLE LABELS funktioniert nur dann, wenn Variablen mit den entsprechenden Bezeichnungen im Datensatz vorhanden sind.

Gezielter Umbruch von überlangen Variablenlabels

Mit Umbruch sind zwei verschiedene SPSS-Bereiche gemeint: Der Umbruch im SPSS-Syntaxprogramm und der Umbruch in der SPSS-Ausgabe. Ein Umbruch im Programm führt nicht zu einem Umbruch in der Ausgabe. Überlange Labels können im SPSS-Programm mittels „+" umgebrochen werden; ein gezielter Umbruch in der SPSS-Ausgabe wird über „\n" herbeigeführt.

```
VARIABLE LABELS
    JAHRE "Beziehungsdauer \n in Jahren".
```

Das Variablenlabel wird immer an der Stelle des „\n" umgebrochen, auch wenn genug Platz vorhanden wäre. „\n" wird von SPSS als Umbruchanweisung interpretiert.

Gezielter Umbruch von überlangen Überschriften in Anwendungen

Der Umbruch von überlangen Labels mittels „+" und „\n" gleichzeitig funktioniert auch in anderen SPSS-Anwendungen, z.B. GRAPH.

```
GRAPH
    /BAR(SIMPLE)= SUM(var123) SUM(var234) SUM(var456)
    /MISSING=VARIABLEWISE
/TITLE= "Dies ist eine sehr, sehr lange Überschrift für ein Balkendiagramm,"+
    "\n die in ihrer Ausführlichkeit durchaus benötigt werden könnte.".
```

Umbenennen mehrerer Variablennamen (RENAME VARIABLES)

```
RENAME VARIABLES
    (ALTNAME=NEUNAME)
    (BERUF2=JOBNEU)
    (JAHRE=BEZDAUER).
```

Werte

Was für die Namen von Variablen gilt, gilt auch für Werte und Zeichen (bis max. 8 Zeichen Länge) von Variablen in einem Datensatz: Sie können mit Labels versehen und gezielt umgebrochen werden. Wertelabel können bis zu 60 Zeichen lang sein. Strings müssen im Gegensatz zu Werten in Anführungszeichen angegeben werden. Bei der Vergabe von Labels mittels VALUE LABLES müssen benötigten Werte bereits im Datensatz enthalten sein, bei der Vergabe mittels ADD VALUE LABLES jedoch nicht.

Vergabe/Ändern von Wertelabels (Werte, Zahlen)

```
value label KEY
    1 "ja"
    0 "nein".
exe.
```

Den Werten 1 bzw. 0 der Variablen KEY werden die Labels „ja" bzw. „nein" zugewiesen. Wiesen die Werte 1 und 0 vorher andere Labels auf, so werden diese dadurch überschrieben. VALUE LABELS funktioniert nur dann, wenn Variablen mit den entsprechenden Bezeichnungen im Datensatz vorhanden sind.

Vergabe/Ändern von mehreren Wertelabels (Zeichen, Buchstaben)

```
value label VAR1 to VAR100
    'A' "ja"
    'B' "nein".
exe.
```

Die Labels „ja" bzw. „nein" werden den Zeichen A und B aller Stringvariablen von VAR1 bis einschließlich VAR100 zugewiesen. Strings müssen
im Gegensatz zu Werten in Anführungszeichen angegeben werden. Diese
effiziente Arbeitsweise von VALUE LABELS funktioniert nur dann, wenn
sich die Variablen im Datensatz in der benötigten Abfolge und sich darunter keine Stringvariablen mit überlangen Zeichen (über 8 Zeichen Länge)
befinden.

„Gemischtes" Vergeben/Ändern von Wertelabels

```
value label
        /VAR1 to VAR100
        'A' "ja"
        'B' "nein"
    /KEY
        1 "ja"
        0 "nein".
exe.
```

Auf diese übersichtliche Weise können die Labels vieler Variablen auf
einmal vergeben werden. Zu beachten ist, dass bei der listenweisen Vergabe von Labels vor jedem Variablennamen ein /-Zeichen angeführt werden
muss. Die einzelne Formatierung von Variablen funktioniert auch ohne /-
Zeichen. Einer der vielen Vorteile der Syntax ist auch hier, dass dieser
Programmabschnitt in ein Textverarbeitungsprogramm kopiert und die Labels dort einer Rechtschreibprüfung unterzogen werden können.
    Für Werte bzw. Zeichen gilt gleichermaßen: Tauchen vergebene Labels
nicht wie gewünscht im Datensatz bzw. Output auf, kann eine Ursache
sein, dass die Werte bzw. Zeichen entweder überhaupt nicht im Datensatz
vorkommen oder auch, dass das betreffende Label versehentlich einem anderen Wert zugewiesen wurde.

Gezielter Umbruch von überlangen Wertelabels

Auch für Wertelabels gilt die Unterscheidung zwischen dem Umbruch im
SPSS-Programm und dem Umbruch in der SPSS-Ausgabe. Überlange
Wertelabels können im SPSS-Programm mittels „+" umgebrochen werden;
ein gezielter Umbruch in der SPSS-Ausgabe wird über „\n" herbeigeführt.

```
VALUE LABELS
    KEY
    1 "Dies ist ein übliches Label"
    0 "Dieses überlange Label wird hier \n gezielt umgebrochen.".
```

Das Wertelabel wird immer an der Stelle des „\n" umgebrochen.

Selektives bzw. vorausschauendes Vergeben

Mittels ADD VALUE LABELS können einzelne (überlange) Labels auch dann vergeben werden, wenn die benötigten Werte (noch) nicht Datensatz enthalten sind (vorausschauendes Vergeben von Labels). Die Variable selbst, z.B. KEY, muss jedoch im Datensatz enthalten sein. Im Gegensatz zu VALUE LABELS werden durch ADD VALUE LABELS bereits vorhandene Labels nicht überschrieben. Das folgende Programm ändert z.B. nicht das Label für den Kode 0.

```
ADD VALUE LABELS
    KEY
    1 "Dies ist anderes Label \n für den Wert 1 von KEY".
```

Würde dagegen der folgende VALUE LABELS-Kode ausgeführt werden,

```
VALUE LABELS
    KEY
    1 "Dies ist anderes Label für den Wert 1 von KEY".
```

so würde das Label für den Kode 0 gelöscht werden. Die weitere Wirkweise von ADD VALUE LABELS entspricht der Anweisung VALUE LABELS.

Für fortgeschrittene Anwender sei an dieser Stelle auf die Anweisung APPLY DICTIONARY hingewiesen, mit deren Hilfe u.a. bereits angelegte Variablen- und Wertelabels, Formate, Kodierungen für Missings usw. aus einem externen SPSS-Datensatz in den aktiven Datensatz übernommen werden können.

Fälle sortieren (SORT)

```
SORT CASES by ALTER (A).
SORT CASES by ID (D).
```
Die Daten werden bei Alter aufwärts (A, ascending) und bei ID abwärts (D, descending) sortiert. Werden beide Befehlszeilen zugleich abgeschickt, werden die Variablen nach Alter und ID *gleichzeitig* sortiert.

Aufgaben

- Definieren/Ändern Sie mehrere Variablennamen.

- Definieren/Ändern Sie mehrere Variablenlabels.

- Sortieren Sie Ihre Daten nach einer oder mehreren Variablen Ihrer Wahl. Beobachten Sie den Effekt im Datenfenster.

4.2. Komplexere Operationen

Veränderte Datenstrukturen ermöglichen neue Perspektiven auf die Daten. Es ist nicht nur oft erforderlich, Daten für weiterführende Analysen umzuformen; es ist eher die *Ausnahme*, Daten nicht weiter aufzubereiten.

Im Folgenden werden Anwendungen des komplexeren Datenmanagement auf Variablenebene vorgestellt. Die Syntaxbeispiele behandeln u.a. die Berechnung von neuen Variablen einschl. Formeln (COMPUTE), das Zählen des Auftretens bestimmter Werte (COUNT), Umkodieren von Werten (AUTORECODE, RECODE) und besonders das Ändern numerischer oder alphanumerischer Variablen in eine, dieselbe oder mehrere, neue Variablen, Gewichten von Fällen (WEIGHT) uvam.

Diese Operationen verändern bzw. ergänzen den Inhalt eines Datensatzes.

4.2.1. Zählen (COUNT)

Mit COUNT können Sie eine Variable definieren, die das Auftreten bestimmter, festgelegter Werte in einer Datenzeile pro Fall zählt. Anders ausgedrückt, stellen Sie eine Liste an Variablen zusammen und definieren den Wert, der darin gesucht werden soll. Die Anzahl der Treffer insgesamt wird pro Datenzeile (z.B. Versuchsperson) angegeben. Diese Option ist sehr komfortabel, um den Anteil fehlender Werte bei numerischen Variablen abschätzen zu können.

```
COUNT
   plneu = pl1 pl2 pl3 pl4 pl5 pl6 pl7 pl8 pl9 pl10 pl11 pl12 pl13 pl14 pl15
   pl16 pl17 pl18 pl19 pl20 pl21 pl22 pl23 ('1') .
VARIABLE LABELS plneu 'Antwort: keine Konflikte' .
EXE .
```

Für die Variablen pl1 bis pl23 wird gezählt, wie oft jeder oder jede Befragte mit „keine Konflikte" antwortete.

```
COUNT
   gbsysmis = gbs1 to gbs20 (SYSMIS) .
VARIABLE LABELS gbsysmis 'Fehlende Werte' .
EXE .
```

Für die Variablen gbs1 bis gbs20 wird gezählt, wie oft systemdefiniert fehlende Werte vorkommen.

```
COUNT
 gbsmiss = gbs1 to gbs20 (MISSING) .
VARIABLE LABELS gbsmiss 'Fehlende Werte' .
EXE .
```

Für die Variablen gbs1 bis gbs20 wird gezählt, wie oft benutzerdefiniert fehlende Werte vorkommen.

```
COUNT
 plneu2 = pl1 to pl23 ('2')
 /gbsysmis = gbs1 to gbs20 (SYSMIS)
 /gbsmiss = gbs1 to gbs20 (MISSING).
VARIABLE LABELS plneu2   'Antwort: Konflikte'
            gbsysmis 'Fehlende Werte'
            gbsmiss  'Fehlende Werte' .
EXE .
```

Dieser Syntaxbefehl arbeitet drei Einzelaufgaben auf einmal ab.

4.2.2. Berechnen (COMPUTE)

Über COMPUTE können Variablen mit Berechnungsvorschriften gezielt definiert oder modifiziert werden. Das direkte Programmieren einer Berechnungsvorschrift mit SPSS-Syntax ist viel komfortabler als die Bedienung des sog. Konditionaleditors unter Transformieren → Berechnen. Funktionen für Missings werden in einem separaten Abschnitt dargestellt.

Die COMPUTE-Option ist eine der wichtigsten und vielseitigsten Funktionen in der SPSS-Syntax. Mit COMPUTE können Sie berechnen (eine Auswahl):

- Arithmetische Operatoren (z.B. Addition)

- Arithmetische Funktionen (z.B. Quadratwurzel)

- Statistische Funktionen (z.B. Summen)

- Kontinuierliche Häufigkeitsfunktionen (kumulativ, invers)

- Diskrete Häufigkeitsfunktionen

- Nichtzentrale Häufigkeitsfunktionen

- Funktionen für Zufallsvariablen (kontinuierlich, diskret)
- Stringfunktionen
- Berechnen von Formeln

COMPUTE kann sowohl String-, als auch numerische Variablen modifizieren, aber nur numerische Variablen definieren (Standardformat F8.2). Stringvariablen müssen zuerst über den Umweg der Definition über STRING angelegt werden. Mit COMPUTE transformierte, bereits vorhandene String- und numerische Variablen behalten ihre Formate. Wenn eine Funktion (v.a. Datumsfunktionen) nicht geeignet verarbeitet werden kann, gibt COMPUTE Missings aus. Fügen Sie nach COMPUTE immer ein EXE. an, z.B.:

```
COMPUTE BEZSTART=ALTER-JAHRE.
EXE.
```

Arithmetische Operatoren

```
COMPUTE BEZSTART=ALTER-JAHRE.

COMPUTE MULTI=ECL15*ALTER.

COMPUTE AQUOT=(APTHERA2/AETHERA2)*23.
```

Arithmetische Funktionen

```
COMPUTE JAHRGANZ = TRUNC(JAHRE).

COMPUTE GERUNDET = RND((ECL1/ECL2)*100).

COMPUTE QWMINI = SQRT(MIN(ECL1, ECL2, ECL3, ECL4)).

COMPUTE BZSTART=ABS(JAHRE-ALTER).
```

Statistische Funktionen

```
COMPUTE SUMECL1 = SUM(ECL1 to ECL20).

COMPUTE SUMECL2 = ECL1 + ECL2 +... ECL20.

COMPUTE SUMECL3 = SUM.3(ECL1, ECL2, ECL3, ECL4).
(vgl. auch Funktionen für Missings!)

COMPUTE MINIECL = MIN(ECL1, ECL2, ECL3, ECL4).
```

COMPUTE MEANECL = MEAN(ECL1, ECL2, ECL3, ECL4).

COMPUTE MEANECL3 = MEAN.3(ECL1, ECL2, ECL3, ECL4).

Hinweis: Falls die rechts vom Gleichheitszeichen stehenden Variablen fehlende Werte (sog. Missings) enthalten, ist folgendes zu beachten: Falls die Missings über die Fälle bzw. Variablen hinweg variieren, dann gehen in die verdichtenden Scores MEANECL bzw. MEANECL3. unterschiedliche Daten- und Missingmengen ein. Die Folge ist, dass der Vergleich dieser verdichteten Scores untereinander wegen der unterschiedlichen Anzahl an Variablen bzw. Missings völlig irreführend ausfallen kann.

Beispiel: Bei der Berechnung des Scores MEANECL fehlt für die einen Versuchspersonen nur ein Wert in einer Variable, bei manchen fehlen Werte in zwei Variablen, in weiteren drei und bei wenigen schließlich alle Werte in den Variablenlisten. Bereits die *unterschiedliche* Anzahl der *vorhandenen* Werte beeinflusst die Höhe der ermittelten Durchschnittswerte und vermutlich deutlicher als die unterschiedlichen Wertausprägungen, sofern sie in den Variablen überhaupt vorhanden sind. Die ermittelten Mittelwerte sind daher nicht ohne weiteres miteinander vergleichbar, weil sie nicht nur auf den unterschiedlichen Wertausprägungen, sondern auch vom Vorhandensein der Werte als solche beeinflusst sind. Missings können einen massiven Bias darstellen.

Es gibt mehrere Möglichkeiten, mit einer solchen Situation umzugehen, diese hängen u.a. von der Anzahl der Fälle, Variablen und Missings in den Listen, wie auch dem theoretischen Range der Variablen ab. Liegen Missings vor, so ist abzuwägen, welche Folgen die Einbeziehung von Missings in die Summenbildung haben könnte. Kommt bei der Variante MEANECL auch nur ein Missing v.a. in langen Variablenlisten vor, so wird MEANECL auf Missing gesetzt. Liegt v.a. bei kleinen Datensätzen die Situation vor, dass jede Person (mind.) einen fehlenden Wert aufweist, so hat das zur Folge, dass für MEANECL ausschließlich Missings errechnet werden. Ist dies nicht gewünscht, könnte z.B. ein Mittelwert über MEANECL3 errechnet werden. Für kleine Datensätze (wenige Fälle) mit langen Variablenlisten, aber wenigen Missings kann dies ein erstes effizientes Vorgehen sein. Über die Variante MEANECL3 kann eingegrenzt werden, wie viele komplette Variablen (also ohne Missings) *mindestens* in die Berechnung einbezogen werden (hier z.B. 3).
Eine andere Vorgehensvariante wäre, die Anzahl der Missings in den Datenlisten festzulegen (siehe unter den Hinweisen zum Umgang mit Missings), die Mittelwerte über die Variante MEANECL zu berechnen und die

erzielten Werte für die Fälle anhand der Anzahl der Missings zu sortieren und separat auszuwerten. Aufwendigere und nicht unproblematische Varianten wären, die Missings durch geeignete Werte zu ersetzen (z.B. den Mittelwert für komplette Datenreihen) oder die auf Missings basierenden Werte um ein Maß der zentralen Tendenz für die kompletten Scores zu adjustieren.

Kumulative Verteilungsfunktionen

```
COMPUTE CDFTEST1 = CDF.NORMAL(1.2,2.5,1.3) .
```

CDF.NORMAL(q, mean, std): CDF.NORMAL gibt die kumulative Wahrscheinlichkeit zurück, mit welcher ein Wert aus der Normalverteilung mit Mittelwert mean und angegebener Standardabweichung std kleiner als q ist.

```
COMPUTE CDFTEST2 = CDF.GEOM(2,.80) .
```

CDF.GEOM(q, p). CDF.GEOM gibt die kumulative Wahrscheinlichkeit zurück, mit welcher die Anzahl der zum Erzielen eines Erfolgs benötigten Versuche kleiner oder gleich q ist, wenn die Erfolgswahrscheinlichkeit von p gegeben ist.

Funktionen für Zufallsvariablen (kontinuierlich, diskret)

```
COMPUTE ZUFALRNG=UNIFORM(10).
```

Diese Funktion gibt eine gleichverteilte Pseudo-Zufallszahl zwischen 0 und 10 zurück.

```
COMPUTE ZUFALNML=NORMAL(2.5).
```

Diese Funktion gibt eine normalverteilte Zufallszahl aus einer Verteilung mit dem Mittelwert 0 und der Standardabweichung 2.5 zurück.

Stringfunktionen

- Großschreibung (klein mit LOWER)
  ```
  STRING BERUF2(A30).
  COMPUTE BERUF2=UPCASE(BERUF2).
  ```

- Überschreiben von Werten
  ```
  STRING BERUF2(A30).
  COMPUTE BERUF2=BERUF.
  ```

- Neudefinition als Missing
  ```
  STRING TEST(A30).
  COMPUTE TEST=' '.
  ```

Neudefinition einer Stringvariablen ohne Text (Missing).

- Neudefinition als Standardtext
  ```
  STRING TEST(A30).
  COMPUTE TEST='Stringtesttext'.
  ```

Neudefinition einer Stringvariablen mit einem Standardtext.

- Kopieren
  ```
  STRING JOBNEU(A10).
  COMPUTE JOBNEU=BERUF2.
  ```

Neudefinition einer Stringvariablen durch Kopieren einer anderen Variablen und Übernahme der Länge.

Ändern der Länge einer Stringvariable

Soll eine Stringvariable ALTLANG mit der Zeichenlänge A20 verkürzt werden, kann dies über das Berechnen einer neuen Variable NEUKURZ erreicht werden, z.B.

```
string NEUKURZ (A10).
compute NEUKURZ=ALTLANG.
```

Soll eine Stringvariable ALTKURZ mit der Zeichenlänge A10 verlängert werden, ist dies ein wenig umständlicher und erfordert neben COMPUTE einen MATCH FILES-Schritt, z.B.

```
string NEULANG (A20).
compute NEULANG = ALTKURZ .
match files=* /KEEP ALTKURZ NEULANG.
rename variables (NEULANG=ALTKURZ).
exe.
```

Konvertieren (von numerisch nach String und zurück)

Der Inhalt numerischer Variablen kann in eine Stringvariable umgewandelt werden; sofern eine Stringvariable ausschließlich Zahlenwerte enthält, kann diese in eine Variable mit einem numerischen Format umgewandelt werden. Im folgenden Beispiel wird die eingelesene numerische Variable VARIABLE in der ersten COMPUTE-Anweisung (STRING-Option) zu-

nächst in eine Stringvariable (STRING) umgewandelt. In der sich anschließenden zweiten COMPUTE-Anweisung (NUMBER-Option) wird
die angelegte Stringvariable in eine numerische Variable NUMBER umgewandelt.

```
DATA LIST FREE
    /VARIABLE .
BEGIN DATA
1 2 3 4 5 6 7 8 9 10
END DATA.

* numerisch -> String *.
string STRING (A8).
compute STRING=string(VARIABLE, f2).
exe.

* String -> numerisch *.
compute NUMBER=number(STRING, f2.0).
exe.
```

Wichtig ist, dass sowohl bei der STRING- also auch bei der NUMBER-
Option in der Klammer ein numerisches Format angegeben werden muss.
Die Angabe eines alphanumerischen Formats löst eine Fehlermeldung aus.
Enthält eine Stringvariable neben Zahlen andere Zeichen, funktioniert die-
ser Ansatz nicht; ggf. wäre RECODE eine Alternative.

Berechnen von Formeln

In SPSS können auch Formeln berechnet werden.

$$Index = \sqrt{(y_1 - x_1)^2 + (y_2 - x_2)^2 + (y_3 - x_3)^2}$$

Um beispielsweise die oben angegebene Formel von SPSS ausführen zu
lassen, muss zuvor die Abfolge ihres Rechenvorgangs (Differenzbildung,
Quadrierung, Summenbildung und abschließendes Ziehen der Wurzel) in
separate COMPUTE-Schritte zerlegt werden.

1. Differenzbildung

```
compute DIFF1=y1-x1.
exe.
compute DIFF2=y2-x2.
exe.
compute DIFF3=y3-x3.
exe.
```

2. Quadrierung

```
compute SQUARE1=DIFF1*DIFF1.
exe.
compute SQUARE2=DIFF2*DIFF2.
exe.
compute SQUARE3=DIFF3*DIFF3.
exe.
```

3. Summenbildung

```
compute SUMME=sum(SQUARE1, SQUARE2, SQUARE3).
exe.
```

4. Ziehen der Wurzel

```
compute WURZEL=sqrt(SUMME).
exe.
```

Die ermittelte Variable WURZEL entspricht dem Formelergebnis INDEX. Zur Berechnung komplexer Formeln könnte auch auf die Script-Sprache SaxBasic ausgewichen werden. SaxBasic ist angelehnt an Visual Basic. Über Scripts ist es möglich, jede beliebige Berechnung/Formel durchzuführen. Näheres dazu finden Sie im Hilfe-Menü des Script-Editors.

4.2.3. Funktionen für Missings

SPSS erlaubt, zwischen system- und anwenderdefinierten Missings zu unterscheiden. System-, wie auch anwenderdefinierte Missings werden standardmäßig aus Analysen ausgeschlossen. Der zentrale Unterschied ist: Nur über anwenderdefinierte Missings können differenzierte Ursachen für das Fehlen der Werte angegeben werden können, z.B. technische Probleme, Verständnisproblem, Antwortverweigerung, Überspringen der Frage usw. Anwenderdefinierte Missings sind daher aber auch umständlicher zu kodieren und laufen zudem Gefahr, versehentlich als reguläre Werte in die Analyse einbezogen zu werden. Ein (fehlender) Wert kann nur einen Status annehmen; entweder als system- oder als anwenderdefinierter Missing. Beides gleichzeitig ist nicht möglich.

Systemdefinierte Missings

```
if KINDER > ELTERN  WERT=$SYSMIS.
exe.
```

Falls die Bedingung KINDER > ELTERN erfüllt ist, wird der betreffende Wert der Variable WERT über $SYSMIS als systemdefinierter Missing definiert.

Anwenderdefinierte Missings

Für numerische Variablen:
    MISSING VALUE ECL1 ECL2 ECL3 ECL4 ECL5 (999).

Für Stringvariablen:
    MISSING VALUE ECLS1 ECLS2 ECLS3 ECLS4 ECLS5 ("999").

Der Wert 999 wird in ECL1 bis ECL5 bzw. ECLS1 bis ECLS5 als anwenderdefinierter Missing definiert. Für kurze Stringvariablen (Maximallänge 8) wird der Wert in Anführungszeichen gesetzt. Diese Transformationen sind in der Datenansicht nicht erkennbar. In der Variablenansicht ist 999 jedoch in der Spalte „Fehlender Wert" aufgeführt.

Probieren Sie auch Folgendes aus:

```
FREQUENCIES
        VARIABLES=ECL1 ECL2 ECL3
        /ORDER= ANALYSIS .

MISSING VALUE ECL1 ECL2 ECL3 (999).

FREQUENCIES
        VARIABLES=ECL1 ECL2 ECL3
        /ORDER= ANALYSIS .

COMPUTE VALIDECL = ECL1 + ECL2 +... ECL20.
```
(siehe auch SUM unter statistischen Funktionen)

VALIDECL wird nur aus gültigen ECL-Werten errechnet. Bei anwenderoder systemdefinierten Missings in ECL1 bis ECL20 wird VALIDECL als systemdefinierter Missing angelegt. Sie auch die Hinweise zu Sum bzw. MEAN bei den statistischen Funktionen.

```
COMPUTE USMISSUM=VALUE(ECL1) + VALUE(ECL2) + VALUE(ECL3).
```

Numerische Codes für anwenderdefinierte Missings (z.B. 3) werden mittels VALUE als Werte in die Summenbildung einbezogen. Systemdefinierte Missings sind bei der Summenbildung ausgeschlossen.

```
COMPUTE SYSMISUM=SYSMIS(ECL1) + SYSMIS(ECL2) + SYSMIS(ECL3).
```

Die Summe der systemdefinierten Missings wird errechnet.

```
COMPUTE MISSUM=MISSING(ECL1) + MISSING(ECL2) + MISSING(ECL3).
```

Die Summe der system- *und* anwenderdefinierten Missings wird errechnet.

In einem späteren Abschnitt werden Sie ein Makro finden, das es erlaubt, bestimmte Werte (Kodierungen) für ganze Listen von Variablen als system- bzw. anwenderdefinierte Missings zu definieren.

4.2.4. Wenn-dann (Bedingungen für die IF-Option)

IF wird allgemein dann eingesetzt, wenn Operationen bei der Arbeit mit Daten bestimmte Bedingungen („wenn-dann") berücksichtigen sollen, z.B. zur Einteilung von Daten in Gruppen anhand bestimmter Werte. Durch die Zusammenfassung mehrerer Variablen zu einer neuen Index-Variable ermöglicht es ein Index, Daten anhand mehrerer Kriterien gleichzeitig zu strukturieren und somit aus beliebig komplexen Perspektiven zu betrachten und miteinander zu vergleichen. Das direkte Programmieren eines Index mit SPSS-Syntax ist oft komfortabler als die Bedienung des Konditionaleditors in der Dialogbox „Variable berechnen" unter Transformieren → Berechnen.

Für die Bildung eines Index können Sie zahlreiche logische Operatoren, z.B. < (LT), > (GT), <= (LE), >= (GE), =, <> („ungleich"), & („und"), ~ („nicht") und I („oder") und zahlreiche Funktionen verwenden. Fügen Sie abschließend immer ein EXECUTE. oder EXE. an.

Beispiel 1: Gruppenbildung

```
IF OPDAUER <= 30 OPCODE2 = 1 .
IF (OPDAUER > 30 & OPDAUER <= 60) OPCODE2 = 2 .
IF OPDAUER > 60 OPCODE2 = 3 .
exe.
VARIABLE LABEL
OPCODE2 'OP-Dauer (gruppiert)' .
VALUE LABELS OPCODE2
1 '<- 30 min.'
2 '31-60 min.'
3 '>60 min.'.
exe.
```

Wenn anstelle der zweiten Befehlszeile „30 < OPDAUER <= 60" geschrieben würde, stimmt das zwar logisch (und funktioniert auch in anderen Statistikprogrammen, z.B. SAS), wird von SPSS aber nur als
„OPDAUER <= 60" interpretiert mit der Folge, dass die Zuweisung der
Fälle eine andere als beabsichtigt ist.

Beispiel 2: Numerischer Index

```
IF ((KINDER2=1 & ALTER>20) | (KINDER2=1 & AETHERA2=1)) INDEX = 1 .
IF ((KINDER2=2 & ALTER>30) | (KINDER2=2 & AETHERA2=1)) INDEX = 2 .
IF ((KINDER2=3 & ALTER>40) | (KINDER2=3 & AETHERA2=1)) INDEX = 3 .
IF ((KINDER2=4 & ALTER>50) | (KINDER2=4 & AETHERA2=1)) INDEX = 4 .
EXE.
VARIABLE LABELS INDEX 'Numerischer Index'.
EXE.
```

Beispiel 3: String-Index

```
IF ((SCHULBIL='1' & WOHNEN='1') | (SCHULBIL='1' & BERUF2='1')) INDEX = 1 .
IF ((SCHULBIL='2' & WOHNEN='2') | (SCHULBIL='2' & BERUF2='2')) INDEX = 2 .
IF ((SCHULBIL='3' & WOHNEN='3') | (SCHULBIL='3' & BERUF2='3')) INDEX = 3 .
IF ((SCHULBIL='4' & WOHNEN='4') | (SCHULBIL='4' & BERUF2='4')) INDEX = 4 .
EXE.
VARIABLE LABELS INDEX 'String-Index'.
EXE.
```

Beispiel 4: Gemischter Index

```
IF ((SCHULBIL='1' & ALTER>20) | (BERUF2='1'& JAHRE<5)) INDEX = 1 .
EXE.
IF ((SCHULBIL='2' & ALTER>30) | (BERUF2='2'& JAHRE<10)) INDEX = 2 .
EXE.
IF ((SCHULBIL='3' & ALTER>40) | (BERUF2='3'& JAHRE>10)) INDEX = 3 .
EXE.
IF ((SCHULBIL='4' & ALTER>50) | (BERUF2='4'& JAHRE>20)) INDEX = 4 .
EXE.
VARIABLE LABELS INDEX 'Gemischter Index'.
EXE.
```

Beispiel 5: Spezielle Möglichkeiten mit IF bei Stringvariablen

```
STRING THEMA (A8).
IF BERUF2='Medizin' THEMA = 'Mobbing'.

STRING ABSCHLUS (A8).
IF (SCHULBIL = 4) ABSCHLUS ='Abitur'.
```

Beispiel 6: IF bei Blanks (Leerzeichen)

```
data list
/ BLANKVAR 1-2 (A).
begin data
a
a
b
b
c
end data.
if (ltrim(BLANKVAR) = 'a') NUMVAR = 1.
exe.
if (BLANKVAR= ' a') NUMVAR=2.
exe.
list.
```

Soll IF ein Blank vor einem Zeichen berücksichtigen, muss dies explizit angegeben werden (vgl. zweite IF-Variante). Diese Variante ist auch sinnvoll, wenn nicht sicher auszuschließen ist, dass den Strings Blanks vorausgehen.

4.2.5. Fälle gewichten (WEIGHT)

Wenn in Stichproben Verteilungen vorliegen, die nicht den Verteilungen aus bekannten repräsentativen Stichproben entsprechen, kann diese Verzerrung durch eine Gewichtung der Fälle in der jeweils vorliegenden Stichprobe kompensiert werden. Voraussetzung für eine solche Gewichtung ist, dass die relevanten Kennziffern einer repräsentativen Stichprobe bekannt sind, eine Gewichtung vor dem theoretischen Hintergrund des Analysezusammenhangs inhaltlich sinnvoll ist und dass die Variablen vom Typ „numerisch" sind.

Nehmen wir an, dass der Anteil von politischen AnhängerInnen in einer Stichprobe nicht repräsentativ ist, also nicht bekannten Kennwerten entspricht.

Beispiel

Fiktive Kennziffern einer repräsentativen Stichprobe (z.B. N=100.000):
Anteil von Konservativen, Anteil von Sozialdemokraten, Anteil von Grünen, z.B. 38%, 45% und 12%.

Empirische Kennziffern einer nichtrepräsentativen Stichprobe (z.B. N=67)
Anteil von Konservativen, Anteil von Sozialdemokraten, Anteil von Grünen, z.B. 24%, 48% und 24%.

Nehmen wir weiterhin an, dass die Anteile der politischen AnhängerInnen in der vorliegenden Stichprobe entsprechend der repräsentativen Stichprobe korrigiert werden sollen. Die Kompensation erfolgt über eine sog. Gewichtung. Die Gewichtung wird über die Formel GEWICHT= SOLL/IST per Hand hergeleitet:

Gewicht Konservative: 38/24 = 1.58
Gewicht Sozialdemokraten: 45/48 = 0.94
Gewicht Grüne: 12/24 = 0.5

Über den Gewichtungsfaktor werden alle Untergruppen der (fiktiven) Variable POLITIK (Konservative = 1, Sozialdemokraten = 2, Grüne= 3) so kompensiert, dass ihr Anteil dem repräsentativen Stichprobe entspricht.

```
IF ((politik = 1)) gewicht = 1.58 .
EXE .
IF ((politik = 2)) gewicht = 0.94 .
EXE .
IF ((politik = 3)) gewicht = 0.5 .
EXE .
```

Wenn Sie nun eine Analyse mit ungewichteten Fällen und gewichteten Fällen rechnen (z.B. mittels FREQUENCIES) und die Ergebnisse miteinander vergleichen, werden Sie feststellen, dass trotz Gewichtung die Anzahl der Fälle dieselbe geblieben ist:

```
WEIGHT OFF .

FREQUENCIES
        VARIABLES=POLITIK
        /ORDER= ANALYSIS .
WEIGHT
  BY gewicht .

FREQUENCIES
        VARIABLES=POLITIK
        /ORDER= ANALYSIS .

WEIGHT OFF .
```

Die Gewichtung wird auch in anderen Analysen so lange beibehalten und auch im Datensatz mitgespeichert, solange Sie sie nicht durch eine explizite OFF-Anweisung aufheben oder eine andere Gewichtungsvariable einsetzen. Setzen Sie bei WEIGHT daher immer auch eine OFF-Anweisung ein, wenn die Gewichtung nur für eine und nicht für alle Analysen berücksichtigt werden soll. Fälle, bei denen die Gewichtungsvariablen den Wert Null, einen negativen Wert oder einen fehlenden Wert aufweisen, werden von der Analyse ausgeschlossen.

Bei einem extremen Auseinanderklaffen zwischen vorliegender und Referenzstichprobe ist es durchaus nicht ausgeschlossen, dass die Gewichtung nur eine Approximation an die Vorgaben erreicht.

4.2.6. Werte rekodieren (automatisch, gezielt)

Automatisch rekodieren (AUTORECODE)

Mit AUTORECODE können Sie Werte von String- und numerischen Variablen in ganzzahlige, aufeinanderfolgende Ziffern umkodieren. AUTORECODE ist ähnlich zu RECODE mit dem Unterschied, dass bei RECODE die Umkodierungsanweisungen angegeben werden müssen, während dies bei AUTORECODE automatisch geschieht. Im Gegensatz zu RECODE ist eine Umkodierung innerhalb einer Variable nicht möglich. RECODE erlaubt Anwendern mehr Kontrolle über die Umkodierung, während AUTORECODE v.a. bei umfangreichen Strings komfortabler ist. AUTORECODE ist z.B. sehr nützlich, um z.B. für ANOVAs aus Stringsog. Gruppierungsvariablen zu erzeugen oder auch die Anzahl der Stufen einer Stringvariablen schnell zu ermitteln, d.h. man kann überprüfen, ob die Eintragungen bei der Ausgangsvariable korrekt vergeben worden waren.

```
AUTORECODE
  VARIABLES=BERUF2
  /INTO BERUFZHL
  /PRINT.
```

Über PRINT können Sie gleich das Ergebnis dieser Umkodierungsaktion einsehen. Im Output können Sie erkennen, dass die alten Textwerte als neue Wertelabels (VALUE LABLES) übernommen werden.

Dasselbe AUTORECODE-Programm wandelt auch Strings in fortlaufende ganze Zahlen um; ihre Labels basieren auf den im Datensatz vorgefundenen Strings. Wurde z.B. eine Variable versehentlich als String eingegeben (z.B. GSCHLECH mit den Werten „m" und „w"), so kann mit AUTORECODE eine numerische Variable SEX_NEU mit den Werten 1 und 2 und den Labels „m" bzw. „w" angelegt werden. Per Voreinstellung beginnt eine Umkodierung bei 1 in alphabetischer Abfolge der Labels. Für numerisch kodierte Strings funktioniert die Umkodierung mit AUTO-RECODE ebenfalls.

AUTORECODE birgt in sich jedoch einige Probleme. Liegen z.B. die Strings „Alpha", „Beta", „Gamma" und „Delta" vor, wandelt AUTO-RECODE diese in die Abfolge 1=Alpha, 2=Beta, 3=Delta und 4=Gamma um. Das Problem dabei ist, dass Gamma im griechischen Alphabet *vor* Delta kommt. Die Position in der Abfolge wurde verändert. Sind z.B. die Strings „Alpha", „Beta", „Gamma" und „Delta" theoretisch möglich, aber im Datensatz fehlt „Gamma", so liegen nach AUTORECODE im Datensatz 1=Alpha, 2=Beta und 3=Gamma vor. Das Problem ist hier, dass Delta eigentlich den Kode 4 erhalten müsste. Die Information des Abstands in der ursprünglichen Abfolge wurde verändert. Wenn Sie eine Stufe nach einer Umkodierung mit AUTORECODE vermissen, war sie im Datensatz wahrscheinlich nicht vorhanden. Enthalten die ursprünglichen Strings bzw. Kodierungen darüber hinaus Informationen zum Messniveau, z.B. Intervallabständen, so sind diese Informationen nach AUTORECODE u.U. verändert. Vor allem bei Variablen mit vielen Ausprägungen ist es empfehlenswert, mit CROSSTABS die Variablen vor und nach der AUTORECODE-Transformation miteinander zu kreuztabellieren.

Gezielt rekodieren (RECODE)

Umkodieren der Werte einer numerischen Variable

RECODE ECL1 (0=1) (1=2) (2=3) (3=4) (4=5) (5=6) (ELSE=SYSMIS).

Bei Umkodierungen innerhalb derselben Variablen gehen die Ausgangswerte verloren. Komfortable Anwendung zur Korrektur versehentlich falscher Kodierungen im Datenblatt.

Umkodieren numerischer Werte in dieselbe Variable, bei mehreren Variablen

RECODE ECL1 TO ECL36 (0=1) (1=2) (2=3) (3=4) (4=5) (5=6) (ELSE=SYSMIS).

Umkodieren numerischer Werte einer Variable in eine neue Zielvariable

```
RECODE ALTER (0 thru 33 = 1) (34 thru 66 =2) (67 thru 100=3)
(SYSMIS=SYSMIS)
    INTO ALTERNEU .
```

Mit der Transformation stetiger Informationen auf diskrete Variablen geht ein Informationsverlust einher. Alternative Optionen: LO THRU 33 = von der kleinsten vorkommenden bis (incl.) 33, 67 THRU HI = 67 bis zur größten Zahl (incl.), ELSE = alle anderen Zahlen, auch fehlende Werte (SYSMIS).

Umkodieren numerischer Werte mehrerer Variablen in mehrere neue Zielvariablen

```
RECODE ECL1 TO ECL3 (0=1) (1=2) (2=3) (3=4) (4=5) (5=6) (ELSE=SYSMIS)
    INTO ECLNEU1 INTO ECLNEU2 INTO ECLNEU3 .
```

Umkodieren der Werte innerhalb einer Stringvariable

```
RECODE BERUF2 ('Jura'='aruJ') ('Physik', 'Lehramt'='Lehrerin') (ELSE=' ').
```

Umkodieren der Werte einer Stringvariablen in eine neue Ziel-Stringvariable

```
STRING TEST (A40).
RECODE BERUF2 ('Jura'='Juristin') ('Physik'='Physikerin') ('Lehramt'='Lehrerin')
(ELSE=COPY) INTO TEST.
```

Umkodieren einer Stringvariable in eine numerische Variable

```
RECODE BERUF2 ('Jura'=1) ('Physik'=2) ('Lehramt'=3) (ELSE=SYSMIS)
    INTO JOBNEUN .
```

Umkodieren einer Stringvariable in mehrere numerische Variablen

Angenommen, die Ausgangsstringvariable „Code" liegt in der Form „12-3456-7" vor und soll in drei numerische Variablen („neu1", „neu2" und „neu3) mit Werten in der Form „12", „3456" und „7" zerlegt werden. Die geeignete Syntaxanweisung ist:

```
compute neu1 = number(substr(code,1,2),n2).
compute neu2 = number(substr(code,4,4),n4).
compute neu3 = number(substr(code,10,1),n1).
exe.
```

Anspruchvolles Umkodieren (VECTOR, LOOP)

Für manche Analysen (z.B. binäre logistische Regression) ist es notwendig, eine kategoriale bzw. polytome Variable in mehrere dichotome (binäre) Variablen zu transformieren. Für jeden vorliegenden Wert wird eine Variable angelegt. Liegen z.B. 10 verschiedene Werte vor, werden zehn verschiedene Variablen angelegt. Für jeden Wert in den Ausgangsvariablen wird das Vorhandensein mit „1" und das Nichtvorhandensein mit „0" kodiert. Missings sind als Nichtvorhandensein eines Wertes definiert, also „0".

```
data list /ID 1 ALT1 3 ALT2 5 ALT3 7 ALT4 9 ALT5 11.
begin data
1 1 2 3 4 5
2 2 3 4 5 6
3 3 4 5 6 8
4 4 5 6   8
5 5 6   8 9
end data.
list.

vector NEU(9)/ALT = ALT1 to ALT5.
loop #v = 1 to 5.
if (not(sysmis(ALT(#v)))) NEU(ALT(#v)) = 1.
end loop.
exe.
recode NEU1 to NEU9 (SYSMIS=0) (1=1).
exe.

list variables = NEU1 to NEU9.
```

In den Ausgangsdaten kommen die Werte 1 bis 9, aber nicht die 7 vor. VECTOR legt dennoch neun (!) binäre Variablen NEU1-9 an. Auch NEU7 wird also angelegt, obwohl im Datensatz keine 7 vorkam. LOOP legt für jeden nichtfehlenden Wert der Originalvariablen ALT1-5 in den Variablen NEU1-9 eine 1 an. Falls Missings vorliegen, werden Missings mittels RECODE als 0 definiert, z.B. in Variable NEU7. Logisch. Der Wert 7 kommt ja nirgends vor.

NEU1	NEU2	NEU3	NEU4	NEU5	NEU6	NEU7	NEU8	NEU9
1,00	1,00	1,00	1,00	1,00	,00	,00	,00	,00
,00	1,00	1,00	1,00	1,00	1,00	,00	,00	,00
,00	,00	1,00	1,00	1,00	1,00	,00	1,00	,00
,00	,00	,00	1,00	1,00	1,00	,00	1,00	,00
,00	,00	,00	,00	1,00	1,00	,00	1,00	1,00

Number of cases read: 5   Number of cases listed: 5

4.2.7. Ränge bilden (RANK)

Über die Prozedur RANK können Sie numerische Variablen über Rangbildung von einem metrischen in ein kategoriales Messniveau umwandeln; anders formuliert: Sie können stetige numerische Daten in neue Variablen mit einer diskreten Anzahl an Kategorien transformieren. Der Unterschied zu RECODE liegt darin, dass in RECODE die Namen und Wertebereiche für die einzelnen Abstufungen der neuen Variablen frei definierbar sind, während sie bei RANK auf automatischen Berechnungen auf der Grundlage von Perzentilen beruhen.

```
RANK
  VARIABLES = alter
  /FRACTION=BLOM
  /TIES = MEAN
  /NTILES(3)
  /PRINT=yes
  /RANK INTO ALTERNK.
```

Voreinstellung ist die Methode nach Blom; möglich sind u.a. auch TUKEY (Tukey) und VW (Van der Waerden). In TIES geben Sie an, wie Sie mit Verbundwerten (Bindungen, tied values) umgehen möchten. In NTILES können Sie die Anzahl der Kategorien festlegen. Eine Einteilung in bspw. 3 Gruppen würde Fällen unter dem 33. Perzentil den Wert 1, zwischen dem 33. und dem 67. Perzentil den Wert 2 zuweisen und Fällen über dem 67. Perzentil den Wert 3. Jede Gruppe ist ungefähr gleich groß.

Vergleichen Sie bei dieser Gelegenheit den Effekt unterschiedlicher TIES-Verfahren, ohne dabei Kategorien zu bilden:

```
RANK VARIABLES = alter /RANK INTO ALTMEAN /TIES = MEAN .
RANK VARIABLES = alter /RANK INTO ALTHIGH /TIES = HIGH .
RANK VARIABLES = alter /RANK INTO ALTCNDS /TIES = CONDENSE .
```

Ties sind gleiche Rangwerte, die je nach Option unterschiedlich vergeben werden können. Liegen z.B. für die ursprüngliche Variable ALTER 8 Werte in 3 versch. Ausprägungen vor (z.B. 5 x 11, 2 x 17, 1 x 22), dann ergäbe TIES=MEAN 5 x 3, 2 x 6.5 und 1 x 8. TIES=CONDENSE ergäbe 5 x 1, 2 x 2 und 1 x 3 und die Option HIGH ergäbe 5 x 5, 2 x 7 und 1 x 8.

Die Ansteuerung per Maus ist in der Windows-Oberfläche von SPSS V13 ein wenig verwirrend gestaltet. Die beiden Zugänge unter „Transformieren", nämlich "Umkodieren" und der „Bereichseinteiler..." geben vor, dass Sie hier jeweils etwas verschiedenes machen würden. Tatsächlich gelangen Sie mit beiden Zugängen zur selben Prozedur (RECODE).

4.2.8. Temporäres Arbeiten (TEMPORARY)

TEMPORARY ist eine Option, um Transformationen nur bei der unmittelbar nächsten Prozedur gezielt wirksam werden zu lassen. Sobald die Daten eingelesen sind, sind die temporären Transformationen (hier: SPLIT) nicht mehr wirksam. Im Beispiel wird nur der erste FREQUENCIES-Befehl nach Geschlecht ausgeführt, die zweite FREQUENCIES-Anweisung nicht mehr.

```
SORT CASES BY GSCHLECH.
TEMPORARY.
SPLIT FILE BY GSCHLECH.
FREQUENCIES VARS=BERUF2 /STATISTICS=MEAN.
FREQUENCIES VARS=BERUF2 /STATISTICS=MEAN.
```

Auf TEMPORARY folgt *kein* EXE-Befehl. TEMPORARY funktioniert nicht bei direkt anschließenden Befehlen CASES, MATCH FILES, ADD FILES, COMPUTE (LAG Funktion) oder innerhalb von DO IF-END IF bzw. LOOP-END LOOP Schleifen.

Aufgaben

Programmieren Sie anfangs die Beispiele nach. Prüfen Sie den Effekt Ihrer Programmierung jedes Mal in Ausgabe- und Datenfenster. Programmieren Sie später eigene Beispiele.

COMPUTE – Berechnen

Arithmetische Operatoren

- Probieren Sie mit COMPUTE mind. drei Berechnungen mit arithmetischen Operatoren aus.

Arithmetische Funktionen

- Probieren Sie mit COMPUTE mind. drei Berechnungen mit arithmetischen Funktionen aus.

Statistische Funktionen

- Vergleichen Sie mit COMPUTE den Unterschied zwischen den Berechnungen

  COMPUTE SUMECL1 = ECL1 + ECL2 +... ECL20. und
  COMPUTE SUMECL2 = SUM(ECL1 to ECL20).

- Prüfen Sie den Effekt Ihrer Programmierung in Ausgabe- und Datenfenster.

- Probieren Sie Berechnungen mit mind. zwei anderen statistischen Funktionen aus.

Stringfunktionen

Programmieren Sie folgende Varianten:

- Probieren Sie die Umwandlung Groß- bzw. Kleinschreibung aus.

- Neudefinition einer Stringvariable ohne neuen Text, mit Standardtext und über Kopieren einer anderen Variable bei gleichzeitigem Abkürzen ihrer Werte

Funktionen für Missings

- Berechnen Sie eine Summe aus ausschließlich nichtfehlenden (gültigen) Werten.

- Definieren Sie für Variablen Ihrer Wahl eine Zahl als Missing. Überprüfen Sie, ob die Transformation effektiv ist.

- Errechnen Sie die Summe der systemdefinierten Missings für Variablen Ihrer Wahl.

- Errechnen Sie die Summe der user- und systemdefinierten Missings für Variablen Ihrer Wahl.

- Probieren Sie die VALUE-Option in Verbindung mit MISSING VALUE aus.

IF – Index-Bildung, Gewichtung

- Programmieren Sie einen numerischen Index.

- Programmieren Sie einen String-Index.

- Programmieren Sie einen Index für verschiedene Variablentypen.

- Programmieren Sie einen IF-Befehl bei Stringvariablen.
- Schreiben Sie ein Programm für eine Gewichtung incl. WEIGHT OFF.

COUNT – Zählen

- Schreiben Sie ein Programm, um bestimmte Werte zu zählen.
- Schreiben Sie ein Programm, um systemdefiniert fehlende Werte zu zählen.
- Schreiben Sie ein Programm, um benutzerdefiniert fehlende Werte zu zählen.

AUTORECODE bzw. RECODE – automatisch umkodieren

- Erstellen Sie incl. PRINT aus String- sog. Gruppierungsvariablen.
- Prüfen Sie, ob die Eintragungen bei der Variable THEMA und anderen korrekt vergeben wurden.
- Kodieren Sie die Werte innerhalb einer numerischen Variable um.
- Kodieren Sie die Werte innerhalb mehrerer numerischer Variablen um.
- Kodieren Sie die Werte mehrerer numerischer Variablen in Werte mehrerer anderer numerischer Variablen um.
- Kodieren Sie die Werte innerhalb einer Stringvariable um.
- Kodieren Sie die Werte einer Stringvariable zu Werten einer anderen Stringvariable um.
- Kodieren Sie eine Stringvariable in eine numerische Variable um.

RANK – Ränge bilden

- Überprüfen Sie mit RANK den Effekt unterschiedlicher tie-Verfahren, ohne dabei Kategorien zu bilden.

4.3. Erste Automatisierungen (DO IF, DO REPEAT)

Aus den unzähligen Möglichkeiten, mit der SPSS-Syntax zu programmieren, werden im Folgenden noch angesprochen: DO IF und DO REPEAT. DO IF stellt den Übergang zur komplexeren Syntaxprogrammierung mit SPSS dar.

DO IF (ELSE, ELSE IF)

DO IF (ELSE, ELSE IF) ist eine Befehlssyntax, genauer: eine Befehls*abfolge*, die eine oder mehrere Transformationen (z.B. COMPUTE oder RECODE) nur an gezielt ausgewählten Zeilen bzw. logisch zugewiesenen Datenuntergruppen vornimmt. DO IF erlaubt die gezielte, flexible und ökonomische Manipulation und Transformation von mehreren Werten auf einmal. DO IF und seine Anweisungsvarianten (ELSE, ELSE IF) sind nur in der Syntaxsteuerung verfügbar. Die Anweisungsvarianten sind kombinier- und verschachtelbar.

DO IF ist auch hilfreich beim zeilenweisen Rekodieren von Daten, z.B. über:

```
do if (WELLE=1).
compute NEUVAR=ALTVAR.
else if (WELLE > 1).
recode ALTVAR (0,1,2=1) (3,4,5=2) (6,7,8=4) (9,10=5) into NEUVAR.
end if.
exe.
```

DO IF für numerische Daten

In der einfachen DO IF-Anweisung werden alle nachfolgend aufgeführten Anweisungen (z.B. RECODE) ausgeführt, solange die erste Bedingung zutreffend bzw. erfolgreich war. Zu jedem DO IF gehört ein END IF.

```
DO IF (ALTER > 25).
RECODE
SCHWERE(1=2)(2=3)(3=4)(4=5).
END IF.
```

DO IF-ELSE für numerische Daten

Die DO IF-ELSE-Anweisung nimmt alternative („else') Transformationen an logisch zugewiesenen Datenuntergruppen vor. Im Gegensatz zur einfachen DO IF-Anweisung wird in der DO IF-ELSE-Anweisung die Alternative ('ELSE') erst dann ausgeführt, wenn die erste Anweisung *nicht* zutreffend bzw. erfolglos war. Zu jedem DO IF gehört ein END IF.

```
DO IF (ALTER > 25).
COMPUTE AGRUPPE=1.
ELSE.
COMPUTE AGRUPPE=2.
END IF.
```

DO IF-ELSE für Strings bzw. Missings

Die DO IF-ELSE-Anweisung kann auch für Strings bzw. Missings eingesetzt werden.

```
STRING MISSFIND (A8).
DO IF NMISS (ECL1 to ECL20)=0.
   COMPUTE MISSFIND ='OK'.
ELSE.
   COMPUTE MISSFIND ='MISSING'.
END IF.

FREQUENCIES VAR= MISSFIND.
```

Dieser DO IF-Befehl findet Missings (ohne Unterscheidung zwischen system- und anwenderdefiniert) bei mehreren Variablen, z.B. ECL1 bis ECL20. Enthalten die Variablen ausschl. Daten bzw. keine Missings, erhält die Prüfvariable MISSFIND das Label „OK". Werden jedoch Missings gefunden (ist also die erste Bedingung nicht zutreffend), erhält die Prüfvariable das Label „MISSING".

DO IF-ELSE für Missings

Missings können die Funktionsweise von DO IF- bzw. ELSE IF-Schleifen beeinträchtigen; sollen für Missings z.B. numerische Kodes ausgegeben werden, sollten diese explizit angelegt werden.

```
data list
/ID 1-3 PREISE 5-15 .
begin data
001    100
002   1000
003  10000
004
005 100000
end data.
exe.
```

```
do if MISSING(PREISE).
  compute MISSKODE = 1.
else.
compute MISSKODE = 0.
end if.


frequencies
  var= MISSKODE.
```

Dieses DO IF-Programm findet Missings bei einer oder mehreren Variablen (z.B. PREISE). Enthalten eine oder mehrere Variablen Missings, so erhält die Variable MISSKODE den Wert 1, ansonsten den Wert 0.

DO IF-ELSE IF für numerische Daten

Die DO IF-ELSE IF-Anweisung nimmt ähnlich zur DO IF-ELSE-Anweisung alternative (‚ELSE') Transformationen an logisch zugewiesenen Datenuntergruppen vor. Im Gegensatz zur DO IF-ELSE-Anweisung sind mehrere ELSE IF-Alternativen zulässig. Die jeweilige Alternative (‚ELSE IF') wird erst dann ausgeführt, wenn die vorausgehende DO IF-Anweisung ‚erfolglos' war. Zu jedem DO IF gehört ein END IF. Eine Variante für Strings wird weiter unten vorgestellt.

```
DO IF (ALTER<20).
    COMPUTE ALTSCORE=ALTER*1.
ELSE IF (21<ALTER<30).
    COMPUTE ALTSCORE=ALTER*1.2.
ELSE IF (ALTER>30).
    COMPUTE ALTSCORE=ALTER*1.5.
ELSE.
    COMPUTE ALTSCORE=0.
END IF.
```

Dieser DO IF-Befehl berechnet differenzierte Varianten von ALTSCORE.

```
STRING TAETK (A8).
DO IF (TÄTIGKEI='1').
    COMPUTE TAETK='eins'.
ELSE IF (TÄTIGKEI='2').
    COMPUTE TAETK='zwei'.
ELSE IF (TÄTIGKEI='3').
    COMPUTE TAETK='drei'.
ELSE.
    COMPUTE TAETK=' '.
END IF.
```

Dieser DO IF-Befehl definiert Levels und vergibt gleichzeitig Labels.

Genestete DO IF-ELSE IF-Schleifen (Beispiel für numerische Daten)

DO IF-ELSE IF-Anweisungen können mit ELSE-Anweisungen kombiniert werden.

Auch in diesem Falle werden alternative (‚ELSE' bzw. ‚+ELSE') Transformationen an den zugewiesenen Datenuntergruppen vorgenommen. In den ELSE IF-Alternativen wird die jeweilige Unteralternative (‚ELSE' bzw. ‚+ELSE') erst dann ausgeführt, wenn die vorausgehende Bedingung ‚erfolglos' war. Zu jedem DO IF gehört ein END IF. Eine Variante für Strings wird nicht gesondert dargestellt. Das folgende Programm legt eine Variable ALTFRAG mit vier Ausprägungen an, die auf der Kombination von vier Merkmalen basieren, nämlich ALTER größergleich oder kleiner als 5 und ob die Antwort in FRAGE1 1 oder 0 ist.

```
DO IF (ALTER<5).
+ DO IF (FRAGE1=1).     /* (1) Bedingung: Alle mit Alter < 5, die in FRAGE1
                             eine 1 angegeben haben
     COMPUTE ALTFRAG=1. /* Gruppenzuweisung
+ ELSE .                /* (2) Bedingung: Alle mit Alter >= 5, die in FRAGE1
                             eine 1 angegeben haben
     COMPUTE ALTFRAG=2. /* Gruppenzuweisung
+ END IF.               /* Abschluss der Aufteilung auf der Basis von Alter < 5
- ELSE IF (FRAGE1=0).   /* (3) Bedingung: Alle mit Alter >= 5, die in FRAGE1
                             eine 0 angegeben haben
     COMPUTE ALTFRAG=3. /* Gruppenzuweisung
- ELSE.                 /* (4) Bedingung: Alle mit Alter >= 5, die in FRAGE1
                             eine 1 angegeben haben
     COMPUTE ALTFRAG=4. /* Gruppenzuweisung
- END IF.               /* Abschluss der Aufteilung auf der Basis von Alter
                             >= 5
EXE.
```

Im Prinzip sollte dieses Programm nach den vorausgegangenen Ausführungen zu den ELSE IF-Varianten selbsterklärend sein. Um dieses Programm jedoch besser nachvollziehen zu können, wurden die einzelnen Anweisungen separat kommentiert. Die Kommentierungen sollten nach den „/*"-Zeichen nicht umgebrochen sein oder völlig entfernt werden, damit das Programm lauffähig ist. Die + bzw. – Zeichen dienen der Hervorhebung der einzelnen Schleifen und können ebenfalls wie die Kommentierungen auch weggelassen werden.

Anwendungsbeispiel

Beheben eines Y2K-Problems und Vereinheitlichen von Währungen

Am 01.01.2002 wurde der Euro eingeführt. Dies führte in manchen Daten-
beständen dazu, dass z.B. in den Spalten für Preise, Einnahmen oder Ausgaben manche Datenzeilen Werte in DM und andere Datenzeilen Werte in
€ enthielten. Das folgende DO IF-Programm zeigt, wie die unvollständigen
Jahresangaben („98", „99", „00", „01", etc.) zur Vermeidung eines
„Y2K"-Bugs in vierstellige Jahresangaben umgewandelt werden und in
den Zeilen bis einschl. des Jahres 2001 die DM-Werte in einheitliche Euro
umgerechnet werden.

Syntax

```
data list free
/JAHR PREIS .
begin data
89 1000 90 100 91 10 92 1000 93 100 94 10 95 100 96 1000 97 10 98 1 99 10
00 100
    01 1000 02 10000
end data.
exe.
compute JAHR2=JAHR.
compute EPREIS=PREIS.
exe.
do if (JAHR < 10 & JAHR >=0).
      compute JAHR2=JAHR+2000.
else if (JAHR >= 89 ).
      compute JAHR2=JAHR+1900.
end if.
exe.
do if (JAHR2 < 2002).
      compute EPREIS=(PREIS*1.95583).
end if.
exe.
format JAHR PREIS JAHR2 EPREIS (F6.0).
list.
```

Über DATA LIST FREE werden zunächst die beiden Variablen JAHR und
PREIS und die dazugehörigen Daten eingelesen. Über die beiden ersten
COMPUTE-Anweisungen werden JAHR2 und PREIS2 als Kopien von
JAHR und PREIS angelegt. Die COMPUTE-Anweisungen nach dem DO
IF-END IF-Befehl führen dazu, dass vollständige (vierstellige) Jahresan-
gaben die ursprünglichen Kurzangaben in JAHR2 überschreiben. Zweistel-
lige Jahresangaben vor „2000" werden um 1900 erhöht, zweistellige Jah-

resangaben ab „2000" einschl. werden um 2000 erhöht. Die sich anschließende COMPUTE-Anweisung rechnet Preise vor 2002 in Euro um. Die Einrückungen dienen nur der Veranschaulichung, sind technisch aber nicht notwendig. Mit LIST werden die ermittelten Ergebnisse aufgelistet (Anzeige ist gerundet).

Output

JAHR	PREIS	JAHR2	EPREIS
89	1000	1989	1956
90	100	1990	196
91	10	1991	20
92	1000	1992	1956
93	100	1993	196
94	10	1994	20
95	100	1995	196
96	1000	1996	1956
97	10	1997	20
98	1	1998	2
99	10	1999	20
0	100	2000	196
1	1000	2001	1956
2	10000	2002	10000

Number of cases read: 14   Number of cases listed: 14

Die ELSE bzw. ELSE IF-Anweisungen sind Elemente effizienten Programmierens und erhöhen nachweislich die Verarbeitungsgeschwindigkeit.

DO REPEAT-END REPEAT

Die Transformation DO REPEAT-END REPEAT erhöht ebenfalls die Effizienz des Programmierens. Mit weniger Programmzeilen kann dieselbe Zahl an Transformationen ausgeführt werden. DO REPEAT-END REPEAT ist nur in der Syntaxsteuerung verfügbar und ist kombinier- und verschachtelbar. Die LOOP-Transformation ist im allgemeinen flexibler, DO REPEAT-END REPEAT ist jedoch in der Lage, gezielte Transformationen auch an weit auseinander liegenden Variablen vorzunehmen, wozu LOOP nicht in der Lage ist. Die DO REPEAT-END REPEAT Anweisung arbeitet dabei so, dass sie eine explizit anzugebende Variable als Platzhalter (im Beispiel „R") für eine Liste von Variablen definiert, z.B. RENTE1 bis RENTE100. Sobald die Transformationen vorgenommen werden sollen, werden anstelle des Platzhalters nacheinander die Variablen aus der

Liste verarbeitet. Die Effizienz von DO REPEAT-END REPEAT lässt sich zunächst an einem einfachen Beispiel demonstrieren.

Beispiel 1: Effizienz bei identischen Anweisungen

Die vier Zeilen des DO REPEAT-END REPEAT-Beispiels bewirken dieselben Transformationen wie die (gekürzten) einhundert Zeilen des COMPUTE-Beispiels.

```
compute RENTE1=0.
compute RENTE2=0.
compute RENTE3=0.
   ...
compute RENTE100=0.
exe.

do repeat R=RENTE1 to RENTE100.
compute R=0.
end repeat print. /* PRINT dient der Kontrolle und kann weggelassen werden
exe.
```

Beispiel 2: Effizienz bei identischen Operationen – Definition des Ausgabeformats

In diesem DO REPEAT-END REPEAT-Beispiel wird mittels des Platzhalters A allen Variablen aus der Liste nach der Anweisung PRINT FORMATS dasselbe Ausgabeformat (F8.2) zugewiesen. PRINT FORMATS legt das Ausgabeformat fest und kontrolliert, wie Werte von einer Prozedur bzw. dem PRINT Befehl ausgegeben werden. Schreibformate werden über WRITE FORMATS festgelegt.

```
do repeat A=ALTER VARNUM1 VARNUM39 VARNUM101 to VARNUM213 .
PRINT FORMATS A (F8.2).
end repeat .
```

Folgende Befehle können innerhalb einer DO REPEAT-END REPEAT-Anweisung aufgenommen werden: BREAK, COMPUTE, COUNT, DATA LIST, DO IF, ELSE, ELSE IF, END IF, END LOOP, FORMATS, IF, LEAVE, LOOP, MISSING VALUES, NUMERIC, PRINT, PRINT EJECT, PRINT FORMATS, PRINT SPACE, RECODE, SELECT IF, STRING, VECTOR, WRITE und WRITE FORMATS. Für listenweise Operationen an Befehlen wie z.B. EXAMINE, FREQUENCIES oder IGRAPH wird auf die in späteren Abschnitten vorgestellte Makroprogrammierung verwiesen.

Beispiel 3: Anlegen eines Datensatzes

Eine typische Anwendung von DO REPEAT-END REPEAT ist z.B. das Anlegen eines Zufallsdatensatzes.

```
input program.
     loop #Z = 1 to 10000.
     do repeat R = ITEM1 to ITEM100.
     compute R = normal(1) > 0.5.
     end repeat.
     end case.
     end loop.
     end file.
end input program.
exe.
```

Mit INPUT PROGRAM wird das Anlegen eines Datensatzes auf der Basis von Iterationen initialisiert und mittels END INPUT PROGRAM abgeschlossen. Über LOOP und der temporären Variablen #Z werden 10.000 Datenzeilen definiert; diese auf Schleifen basierende Transformation wird über END LOOP abgeschlossen. In der anschließenden DO REPEAT-END REPEAT-Anweisung wird zunächst R als der Platzhalter für die Werte und zugleich die Variablen ITEM1 bis ITEM100 definiert. Über COMPUTE werden über R den Variablen ITEM1 bis ITEM100 Werte zugewiesen, die im Abgleich mit der Normalverteilung eine jeweils gleich große Wahrscheinlichkeit besitzen, die Ausprägungen 0 oder 1 annehmen zu können. Über END CASE werden erst für jeden Fall die Datenzeilen mit den entsprechenden Werten angelegt; wird der END CASE-Befehl an eine andere Stelle im Programm platziert, werden keine Werte ausgegeben. END FILE signalisiert den Abschluss des Anlegens des Datensatzes; wird kein END FILE-Befehl angegeben, legt das Programm keinen Datensatz an, sondern geht in eine unendliche Schleife über. Der erzeugte, vorerst temporäre Datensatz enthält einhundert Variablen und zehntausend Datenzeilen (Fälle) und ist (je nach Betriebssystem und Komprimierung) ca. 1 Megabyte groß.

4.4. Tipps & Tricks

4.4.1. Das nachträgliche Integrieren einer ID-Variablen

ID-Variablen werden benötigt, wenn Analysen oder Datenmanagement fallweise durchgeführt werden, z.B. bei der Identifikation von Ausreißen in Boxplots, bei der Clusterung mehrerer Fälle oder wenn Datentransformationen nur für bestimmte Fälle durchgeführt werden, wenn also z.B. große Datenmengen fallweise zerlegt und wieder zusammengespielt werden. Nicht immer fällt beim Anlegen eines Datensatzes automatisch auch eine ID-Variable an. Beide im Folgenden vorgestellten Varianten ersparen das Anlegen einer ID-Variablen und das monotone Tippen ihrer Werte auch bereits bei kleinen Datensätzen.

Variante 1: Anlegen einer ID-Variable über einen separaten Datensatz

Die folgende Berechnungsvariante setzt voraus, dass die Anzahl der benötigten IDs bekannt ist.

Syntax

```
input program.
  vector X(1).
  loop #I = 1 to 123.
  compute BASIS=0.
  compute ZEILE=BASIS + #I.
  end case.
  end loop.
  end file.
end input program.
exe.
list.
```

Über INPUT PROGRAM und VECTOR wird ein Datensatz mit 123 Datenzeilen angelegt. Über die beiden COMPUTE-Befehle werden in Gestalt der ID-Variablen ZEILE ab dem Ausgangswert 1 um 1 ansteigende 123 verschiedene ID-Werte vergeben. Der entstehende Datensatz braucht dann abschließend nur noch über MATCH FILES mit dem betreffenden Datensatz zusammengefügt werden.

Variante 2: Anlegen einer ID-Variable über COMPUTE

Die folgende Berechnungsvariante setzt nicht voraus, dass die Anzahl der benötigten IDs bekannt ist, jedoch wie die erste Variante, dass definitiv keine doppelten Fälle bzw. kein Fall mit mehreren Datenzeilen im Datensatz vorkommen.

Syntax

```
data list free
 /WERT .
begin data
55 33 85 32 42 33 90 73 54 91 86
end data.
compute ID=$CASENUM.
list.
```

Output

WERT	ID
55,00	1,00
33,00	2,00
85,00	3,00
32,00	4,00
42,00	5,00
33,00	6,00
90,00	7,00
73,00	8,00
54,00	9,00
91,00	10,00
86,00	11,00

Number of cases read: 11   Number of cases listed: 11

$CASENUM ist eine SPSS-Systemvariable, die intern die jeweilige Nummer der jeweiligen Datensatzzeilen repräsentiert. COMPUTE kopiert diese Zahl einfach in die Variable ID. Die SPSS Command Syntax Reference weist darauf hin, dass der $CASENUM-Wert nicht notwendigerweise der Zeilennummer der Datensatzansicht entspricht.

4.4.2. Das Ermitteln der Anzahl unterschiedlicher Werte oder Strings (AGGREGATE-Funktion)

Bei Analysen kann es vorkommen, dass die Anzahl unterschiedlicher Werte oder Strings ermittelt werden soll. In diesem besonderen Fall will man also nicht wissen, wieviele absolute oder relative *Häufigkeiten* vorliegen, sondern wieviele *verschiedene* Werte oder Strings.

Syntax

```
DATA LIST FREE
  /COLOR (A6) .
BEGIN DATA
blau rot orange gelb blau rot purpur grau lila braun grün grau rot blau orange
grün grün
END DATA.
SAVE OUTFILE='C:\FARBEN.sav' .
EXE.
```

Mit FREQUENCIES bekommen Sie nur die absoluten oder relativen Häufigkeiten angezeigt.

Syntax

```
get file='C:\FARBEN.sav' .
frequencies
variables=COLOR
  /order=analysis .
```

COLOR

		Häufigkeit	Prozent	Gültige Prozente	Kumulierte Prozente
Gültig	blau	3	17,6	17,6	17,6
	braun	1	5,9	5,9	23,5
	gelb	1	5,9	5,9	29,4
	grau	2	11,8	11,8	41,2
	grün	3	17,6	17,6	58,8
	lila	1	5,9	5,9	64,7
	orange	2	11,8	11,8	76,5
	purpur	1	5,9	5,9	82,4
	rot	3	17,6	17,6	100,0
	Gesamt	17	100,0	100,0	

Mit AGGREGATE können Sie jedoch die Anzahl unterschiedlicher Werte ermitteln. Im Grunde handelt es sich bei dem folgenden Programm um zwei hintereinandergeschaltete AGGREGATE Funktionen. Die erste Funktion bereitet die Daten für die zweite Funktion auf; die zweite Funktion nimmt dann die eigentliche Auswertung vor.

Syntax

```
GET FILE='C:\FARBEN.sav'.
AGGREGATE OUTFILE=*
/BREAK=COLOR
/FREQ = NU.
   COMPUTE X=1.
   COMPUTE Y=1.
GET FILE='C:\FARBEN.sav'.
AGGREGATE OUTFILE=*
/BREAK=COLOR
/FREQ = NU.
   COMPUTE X=1.
   COMPUTE Y=1.
exe.
AGGREGATE OUTFILE=*
/BREAK=X
/ANZAHL=SUM(Y).
exe.

list
variables=ANZAHL .
```

Über GET FILE wird auf den benötigten Datensatz „FARBEN.SAV" zugegriffen. Die erste AGGREGATE-Funktion legt mittels „*" einen temporären Datensatz an. Die Daten werden nach der Breakvariable „COLOR",
also nach „grün", „blau", „rot" usw. gruppiert und gezählt. Über
FREQ=NU wird für jede der BREAK-Ausprägungen die Zahl Anzahl der
ungewichteten Fälle ermittelt. Die beiden COMPUTE-Statements vergeben für jede BREAK-Kategorie den Wert „1".

Die zweite AGGREGATE-Funktion greift automatisch auf den vorher
festgelegten (temporären) Datensatz zu und legt über „*" ebenfalls einen
temporären Datensatz an. Die Y-Daten werden aufsummiert (SUM) und
als Variable ANZAHL nach der Breakvariable X „gruppiert" angezeigt
(„gruppiert" deshalb, weil die Variable Y im Beispiel nur eine Ausprägung
hat).

Über LIST wird der Wert der Variablen ANZAHL angezeigt:

Output

```
ANZAHL

 9,00

Number of cases read: 1   Number of cases listed: 1
exe.
```

Der Wert der Variablen ANZAHL gibt an, wieviele *verschiedene* Werte (im Beispiel: Farbangaben) in der untersuchten Variable vorkommen. Dieses Beispiel untersuchte Strings. Die AGGREGATE-Funktionen können jedoch unverändert auch auf numerische Daten angewendet werden.

4.4.3. LAG-Operation (Zeilenweise verschobenes Übernehmen von Datenspalten)

Üblicherweise werden Daten immer innerhalb einer Zeile verarbeitet. Die LAG-Operation wurde für den Fall entwickelt, falls mit Daten ausgewählter Zeilen eines Datensatzes gearbeitet werden soll. Die hinter der LAG-Operation stehende Logik weist einige Besonderheiten auf, die im Folgenden erläutert werden sollen. Diese Besonderheiten v.a. in der praktischen Anwendung sind auch der Grund dafür, warum die LAG-Operation nicht unter den grundlegenden, sondern den komplexen Operationen aufgeführt wird. Die Komplexität der LAG-Operation rührt daher, dass nicht nur die Operation als solche beachtet werden muss, sondern v.a. auch die zeilenweise Sortierung des Datensatzes und das Zusammenspiel der LAG-Operation mit anderen SPSS-Anweisungen. Die LAG-Operation ist nicht mit einer ähnlichen Arbeitsweise der LAG-Funktion der Prozedur CREATE zur Entwicklung von Zeitreihen zu verwechseln.

Die LAG-Operation besteht aus dem Namen einer Variablen *var* und einer positiven Konstante *n* und gibt in eine neue Variable *lag* nacheinander die Werte bzw. Missings aus, die *n* Datenzeilen vor der jeweiligen Datenzeile von *var* liegen. *Lag* enthält am Ende der Operation dieselben Werte bzw. Missings wie *var* mit dem Unterschied, dass diese um *n* Datenzeilen nach unten verschoben sind.

Syntax

```
data list list (",")
/ITEM1 to ITEM4.
BEGIN DATA
 1, 2, 3, 4
 5, 6, 7, 8
 9,10,11,12
13,14,15,16
end data.
exe.
```

```
compute VORHER1=lag(ITEM2, 1).
compute VORHER2=lag(ITEM4, 2).
exe.
list.
```

Die erste LAG-Operation fordert für die Variable VORHER1 den Wert an, der immer eine Zeile vor der jeweiligen Zeile von ITEM2 im Datensatz vorkommt. Die zweite LAG-Operation fordert für die Variable VORHER2 die Werte an, die in ITEM4 immer zwei Zeilen vorher vorkommen. Die LAG-Operation fordert also spaltenweise Daten an, die um eine oder mehr Zeilen nach unten verschoben sind.

Output

ITEM1	ITEM2	ITEM3	ITEM4	VORHER1	VORHER2
1,00	2,00	3,00	4,00	.	.
5,00	6,00	7,00	8,00	2,00	.
9,00	10,00	11,00	12,00	6,00	4,00
13,00	14,00	15,00	16,00	10,00	8,00

VORHER1 enthält die Daten von ITEM2, um eine Zeile nach unten verschoben. VORHER2 enthält die Daten von ITEM4, um zwei Zeilen nach unten verschoben. Die Missings entstehen durch die Anzahl von nicht vorhandenen Zeilen. Die erste LAG-Operation fordert den Wert von ITEM2 an, der eine Zeile vor dem allerersten Wert liegt. Da vor „2" aber keine Daten vorkommen, gibt die LAG-Operation für VORHER1 einen fehlenden Wert aus. Die zweite LAG-Operation gibt für (etwas bildlich gesprochen) zwei leere Zeilen vor ITEM4 entsprechend zwei fehlende Werte in VORHER2 aus. Die LAG-Operation unterscheidet nicht zwischen leeren und vollen Datenzellen, behandelt bzw. zählt also Missings wie reguläre Daten. Werden andere als erwartete Ergebnisse ausgegeben, kann eine erste Ursache sein, dass die Datenzeilen nicht die für die Analyse erforderliche Abfolge aufweisen. Jedes Vertauschen oder Löschen von Datenzeilen ändert konsequenterweise die Ergebnisse der LAG-Operation. Eine LAG-Operation sollte also nur nach sorgfältiger Berücksichtigung der korrekten Abfolge der Datenzeilen vorgenommen werden. Eine weitere Besonderheit der LAG-Operation ist im Zusammenspiel mit zeilenselegierenden Anweisungen wie z.B. SELECT IF oder SAMPLE zu beachten. Auch wenn die LAG-Operation *vor* solchen Anweisungen angegeben wurde, zählt diese Operation die Fälle *nach* der Auswahl der Zeilen. Werden also andere als erwartete Ergebnisse ausgegeben, kann eine weitere Ursache sein, dass die LAG-Operation mit zeilenselegierenden Anweisungen wie z.B. SELECT

IF oder SAMPLE interagiert. Beachten Sie diese Besonderheiten bei der
Arbeit mit der LAG-Operation.

4.4.4. Effizienz durch Makroprogrammierung

Die weiter vorne bereits vorgestellte TO-Option funktioniert so, dass sie
alle Variablen anspricht, die sich im Datensatz zwischen der zuerst und zuletzt (jew. inkl.) angegebenen Variable befinden. Die TO-Option versucht
dabei, *alle* Variablen zwischen der ersten und letzten Variable aus der Liste abzuarbeiten. Befindet sich inmitten dieser Liste eine Variable, die aus
den verschiedensten Gründen nicht auswertbar ist, kann sie u.U. das Abarbeiten der kompletten Anweisung blockieren. Die TO-Option funktioniert
leider nicht für alle SPSS-Anweisungen, z.B. bestimmte Diagrammtypen
oder statistische Analysen. Die Vorstellung, die Analyse aller Variablen
(VAR1, VAR2, etc.) für die verschiedenen Faktoren (FACTOR01,
FACTOR02, etc.) einzeln zu programmieren (z.B. so),

```
EXAMINE
   VARIABLES=var01 to var99 BY factor01
/PLOT BOXPLOT HISTOGRAM NPPLOT
   /COMPARE GROUP
   /PERCENTILES(5,10,25,50,75,90,95) HAVERAGE
   /STATISTICS DESCRIPTIVES EXTREME
   /CINTERVAL 95
   /MISSING=REPORT.

EXAMINE
   VARIABLES=var01 to var99 BY factor02
/PLOT BOXPLOT HISTOGRAM NPPLOT
   /COMPARE GROUP
   /PERCENTILES(5,10,25,50,75,90,95) HAVERAGE
   /STATISTICS DESCRIPTIVES EXTREME
   /CINTERVAL 95
   /MISSING=REPORT.
EXAMINE
   VARIABLES=var01 to var99 BY factor03
/PLOT BOXPLOT HISTOGRAM NPPLOT
   /COMPARE GROUP
   /PERCENTILES(5,10,25,50,75,90,95) HAVERAGE
   /... etc.
```

dürfte trotz der TO-Option bei den abhängigen Variablen nicht allzu ver-
lockend sein. Ein kleines Makroprogramm erlaubt dieses Problem in SPSS
elegant zu lösen. Fügen Sie vor, in und nach dem wiederholt auszuführenden Programm die fett gedruckten Makrozeilen ein. „!i" bezeichnet dabei

den Platzhalter, in den dann die von SPSS auszuführenden Variablen ein-
getragen werden, im Beispiel also die Faktoren FACTOR01, FACTOR02,
etc. Tragen Sie diese Variablen einfach in die letzte Zeile des Makros anstelle von „VAR1", „VAR2" etc. ein. SPSS wird diese nacheinander in
den EXAMINE-Schritt einfügen.

```
DEFINE macexam (!POS!CHAREND('/')).
  !DO !i !IN (!1).
EXAMINE
    VARIABLES=var01 to var99 BY !i
/PLOT BOXPLOT HISTOGRAM NPPLOT
    /COMPARE GROUP
    /PERCENTILES(5,10,25,50,75,90,95) HAVERAGE
    /STATISTICS DESCRIPTIVES EXTREME
    /CINTERVAL 95
    /MISSING=REPORT.
  ! DOEND
!ENDDEFINE.
macexam factor01 factor02 factor03 factor04 factor05 /.
```

Sie können dieses Makroprogramm auf praktisch jede SPSS-Anweisung
umschreiben, auf praktische beliebig viele Variablen anwenden und damit
Ihre Auswertungen beschleunigen und gleichzeitig kontrollieren. Das u.a.
Programm übergibt z.B. für eine Variablenliste den Kode „-99" als systemdefinierten Missing an SPSS.

```
DEFINE macsymis (!POS!CHAREND('/')).
!DO !i !IN (!1).
if !i = -99 !i = $SYSMIS.
exe.
!DOEND
!ENDDEFINE.
macsymis  VAR1 VAR2 VAR3 VAR1 VAR5 VAR6 VAR7 VAR8 VAR9 VAR10 /.
```

Für die Variablen VAR1 bis VAR10 wird der Kode „-99" als systemdefinierter Missing festgelegt. Dieses Vorgehen ist wesentlich effizienter als
listenweise IF- oder DO IF-Ansätze. Unter Kapitel 9 finden Sie eine Einführung in die Makroprogrammierung.

4.4.5. Zusammenfassen von einzelnen Zeichen in längere Strings

Das (Wieder) Zusammenfügen von einzelnen Zeichen in längere Zeichenketten ist immer dann notwendig, wenn Informationen in unvollständiger
oder aufgeteilter Weise vorliegen. Im folgenden Beispiel liegen alle Zei-

chen außer NNAME und VNAME als Strings mit einem Zeichen Länge vor. Über die CONCAT-Funktion werden die einzelnen Zeichen wieder zu längeren (sinnvollen) Strings (Zeichenketten) zusammengefügt. Der Hinweis „Warning #1115" kann ignoriert werden.

Syntax

```
DATA LIST
/NNAME (A16) VNAME  (A10) YOP1 YOP2 YOP3 YOP4  (4A1) YOB1   YOB2
YOB3 YOB4 (4A1).
BEGIN DATA
Bell                Jocelyn     ,,,,1943
Cori                Gerty       19471896
Curie               Marie       19111867
Elion               Gertrude    19881918
Goeppert-Mayer      Maria       19631906
Hodgkin             Dorothy     19641910
Joliot-Curie        Irène       19351897
Levi-Montalcini     Rita        19861909
McClintock          Barbara     19831902
Nüsslein-Volhard    Christiane  19951942
Yalow               Rosalyn     19771921
END DATA.
exe.

STRING yprize(A4) ybirth(A4).
COMPUTE yprize=CONCAT(yop1,yop2,yop3,yop4).
COMPUTE ybirth=CONCAT(yob1,yob2,yob3,yob4).
exe.

variable labels YPRIZE "Nobelpreis (Jahr)"
        YBIRTH "Geburtsjahr" .
exe.
```

Anmerkung zu den Daten: Jocelyn Bell entdeckte als 24jährige Doktorandin den ersten Pulsar. Der Nobelpreis für diese Pioniertat wurde jedoch jemand anderem zugesprochen. Ihr Platz neben den anderen Nobelpreisträgerinnen (Auswahl aus dem Bereichen Chemie, Medizin, Physik bzw. Physiologie) ist mehr als angemessen.

Die folgende Programmvariante ist geeignet, wenn nur die Angaben für die Jahrzehnte und die einzelnen Jahre zusammengefasst werden sollen. Die Interpretation der Daten ist jedoch uneinheitlich. Bei Cori, Curie und Joliot-Curie liegen die Geburtsdaten nicht im 20 , sondern im 19. Jahrhundert.

```
STRING yprize2(A2) ybirth2(A2).
COMPUTE yprize2=CONCAT(yop3,yop4).
```

```
COMPUTE ybirth2=CONCAT(yob3,yob4).
exe.
variable labels YPRIZE2 "Nobelpreis (Jahr)"
         YBIRTH2 "Geburtsjahr" .
exe.
```

Output

YPRIZE	YBIRTH	YPRIZE2	YBIRTH2
,,,,	1943	,,	43
1947	1896	47	96
1911	1867	11	67
1988	1918	88	18
1963	1906	63	06
1964	1910	64	10
1935	1897	35	97
1986	1909	86	09
1983	1902	83	02
1995	1942	95	42
1977	1921	77	21

Aufgaben

- Programmieren Sie anfangs die Beispiele nach. Prüfen Sie den Effekt Ihrer Programmierung jedes Mal in Ausgabe- und Datenfenster. Programmieren Sie später eigene Beispiele.

- Probieren Sie die TEMPORARY-Option bei Auswertungen oder Transformationen Ihrer Wahl aus.

- Schreiben Sie eine eigene DO IF-Befehlsabfolge für numerische Daten.

- In dieser DO IF-Befehlsabfolge für Strings sind drei Fehlerquellen versteckt. Welche?

```
STRING TAT .
DO IF (TÄTIGKEI=1)
     COMPUTE TAT='eins'.
ELSE IF (TÄTIGKEI=2).
     COMPUTE TAT='zwei'.
ELSE IF (TÄTIGKEI=3).
     COMPUTE TAT='drei'.
ELSE.
```

- Schreiben Sie eine eigene DO IF-Befehlsabfolge für Strings.

- Schreiben Sie eine eigene DO IF-Befehlsabfolge für Missings.

5. Analyse von Mehrfachantworten

Mehrfachantworten liegen dann vor, wenn die Anzahl der vorliegenden Antworten (responses) die Anzahl der Fälle (cases) übersteigt. In konkreteren Worten: Jeder Fall (z.B. VersuchteilnehmerIn) hat Gelegenheit, bei einer Frage mehrere Angaben zu machen. Die Analyse von Mehrfachantworten (MFA) ist hinsichtlich der Kodierung, des Datenmanagements und der Interpretation besonders anzugehen.

Kodierung: Jede Ausprägung einer Frage oder Aufgabenstellung, bei der Mehrfachantworten zulässig sind, ist separat zu kodieren. In den folgenden Beispielen repräsentieren z.B. die Items „risiko01" bis „risiko05" (je nach Beispiel) Ausprägungen einer Variablen, bei der die Versuchsteilnehmer bis zu fünf Antworten gleichzeitig ankreuzen konnten.

In einer Studie wurden mehrere TeilnehmerInnen nach Risikofaktoren in ihrer Lebensführung gefragt. In einem Fragebogen könnte dies z.B. so aussehen:

Frage 23: Bitte geben Sie Risikofaktoren Ihrer Lebensführung an (Mehrfachantworten sind möglich):

❑ Raucher/in

❑ Ungesunde Ernährung

❑ Private Probleme

❑ Zu viel Stress

❑ Zu wenig Bewegung

Die Ausprägungen von Frage 23 wurden in fünf Einzelitems („risiko01" bis „risiko05") mit den Ausprägungen „1" und „2" kodiert. Im dritten Beispiel wird anhand der Datenstruktur konkret gezeigt, inwieweit für die IDs 5 und 8 Mehrfachantworten vorliegen.

Datenmanagement: Mehrfachantworten sind üblicherweise Teile einer Frage; insofern sind die in Einzelitems zerlegten Fragen vor der eigentlichen Analyse wieder zusammenzufassen, um ein angemessenes Bild des erfassten Gegenstands vermitteln zu können. Dieses Zusammenfassen ist nicht unkompliziert, da dem die multiplizierten Fälle entgegenstehen. Durch das Zusammenfassen der Einzelitems zur Ausgangsfrage wird entsprechend der Anzahl der abgegebenen Antworten die Anzahl der Fälle vergrößert. Konkret demonstriert wird dies anhand des Beispiels 5.2.

Interpretation: Werden Mehrfachantworten einer deskriptiven bzw. inferenzstatistischen Analyse unterzogen, ist darauf zu achten, dass die Interpretationseinheit nicht mehr der Fall (also die Versuchsperson, diese liegen ja mehrfach vor) ist, sondern die abgegebene Antwort. Die oben vorgestellte Frage 23 wird im Folgenden auf vier verschiedene Arten ausgewertet.

5.1. Mehrfachantworten unkompliziert ausgewertet (MEANS, GRAPH)

Die Prozeduren MEANS und GRAPH erlauben Mehrfachantworten unkompliziert auszuwerten. Die einzige Voraussetzung für diesen Ansatz ist, dass die Daten so kodiert sind, dass „1" für „angekreuzt" und „0" bzw. Missing für „nicht angekreuzt" stehen.

```
MEANS
TABLES=RISIKO01
RISIKO02  RISIKO03
RISIKO04 RISIKO05
/CELLS SUM .
```

Bericht

Summe

Raucher/in	Ernährung	Priv. Probleme	Stress	Bewegung
26	9	10	3	17

In MEANS wird die Auswertungsfunktion SUM eingestellt; Werte, die nicht in die Summe einbezogen werden sollen, z.B. die Kodierungen für „nicht angekreuzt", müssen ggf. über RECODE auf Null bzw. Missing gesetzt werden.

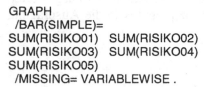

```
GRAPH
  /BAR(SIMPLE)=
SUM(RISIKO01)   SUM(RISIKO02)
SUM(RISIKO03)   SUM(RISIKO04)
SUM(RISIKO05)
  /MISSING= VARIABLEWISE .
```

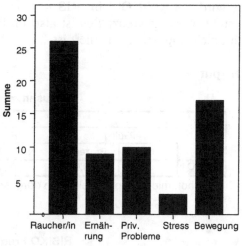

In GRAPH wird ebenfalls die Auswertungsfunktion SUM eingestellt; auch hier müssen Werte, die nicht in die Summe einbezogen werden sollen, über RECODE auf Null bzw. Missing gesetzt werden. Missings müssen mittels VARIABLEWISE behandelt werden; nur unter diesen Umständen ist gewährleistet, dass der Inhalt von Tabelle und Diagramm übereinstimmen. MEANS und GRAPH geben keine zusammenfassenden Statistiken aus, die sich z.B. auf Prozentanteile der Antworten bzw. Fälle beziehen; dies erreicht jedoch die SPSS-Prozedur MULT RESPONSE.

5.2. „Univariate" Analyse von Mehrfachantworten (MULT RESPONSE)

Bei diesem Ansatz werden die fünf Einzelitems in einer Tabelle deskriptiv so zusammengefasst, als ob sie die Ausprägungen einer fünffach gestuften Variable wären. Dazu muss diese (eigentlich fiktive) Variable unter GROUPS= als RISIKO (und dem Label „Risikofaktoren) definiert werden. RISIKO ist deshalb fiktiv, weil sie im Datensatz nicht vorhanden sein muss. Als „univariat" wird dieser Analyseansatz deshalb umschrieben, weil der Output der Häufigkeitsanalyse einer diskret skalierten Variable gleicht.

Syntax

```
MULT RESPONSE
GROUPS=RISIKO "Risikofaktoren"(RISIKO01 to RISIKO05(1))
/FREQUENCIES=RISIKO .
```

Es wird von RISIKO01 bis RISIKO05 nur die Ausprägung 1 ausgewertet. 1 steht für „angekreuzt"; es ist also im Prinzip egal, wie die Ausprägung für „nicht angekreuzt" kodiert ist.

Output

Fallzusammenfassung

	Fälle					
	Gültig		Fehlend		Gesamt	
	N	Prozent	N	Prozent	N	Prozent
RISIKO a	26	100,0%	0	,0%	26	100,0%

a. Dichotomie-Gruppe tabellarisch dargestellt bei Wert 1.

RISIKO Frequencies

		Antworten		Prozent der Fälle
		N	Prozent	
Risikofaktoren a	Risikofaktor: Raucher/in	26	40,0%	100,0%
	Risikofaktor: Ernährung	9	13,8%	34,6%
	Risikofaktor: Probleme	10	15,4%	38,5%
	Risikofaktor: Stress	3	4,6%	11,5%
	Risikofaktor: Bewegung	17	26,2%	65,4%
Gesamt		65	100,0%	250,0%

a. Dichotomie-Gruppe tabellarisch dargestellt bei Wert 1.

MULT RESPONSE gibt im Gegensatz zum Beispiel mit MEANS und GRAPH eine zusammenfassende Statistik aus, die sich auf die Anzahl der Antworten bzw. Prozentanteile der Antworten bzw. Fälle bezieht. An dem Verhältnis der Antworten (Antworten, N=65) zu den gültigen Fällen (vgl. Fallzusammenfassung, N=26) ergeben sich z.B. 250%; demnach liegen 150% mehr Antworten als Fälle vor. Die N=26 bei dem „Risikofaktor: RaucherIn" ist so zu verstehen, dass von 26 Fällen 26mal (also von allen) die Antwort vorlag, dass jemand Raucherin oder Raucher ist; die 40,0% geben an, wie hoch der Anteil an allen Mehrfachantworten ist.

5.3. Mehrfachantworten als Kreuztabelle (MULT RESPONSE, „bivariat")

Die fünf Einzelitems werden so zusammengefasst, als ob sie die Ausprägungen einer fünffach gestuften Variable (hier: RISIKO) wären und gleichzeitig mit einer zweiten diskret skalierten Variable (hier: MEINUNG, 6 Stufen, keine MFA) kreuztabelliert. Als „bivariat" wird dieser Analyseansatz also deshalb umschrieben, weil der Output einer Kreuztabelle zweier diskret skalierten Variablen gleicht. Die Datenbasis sind auch hier nicht die Fälle, sondern die Antworten.

Syntax

```
exe.
MULT RESPONSE
 GROUPS=$RISIKO 'Risikofaktoren' (risiko01 risiko02 risiko03
          risiko04 risiko05 (1))
 /VARIABLES=meinung(0 5)
 /TABLES=$RISIKO  BY meinung
 /CELLS=ROW COLUMN TOTAL
 /BASE=RESPONSES .
```

Es wird von RISIKO01 bis RISIKO05 nur die Ausprägung 1 ausgewertet; 1 steht für „angekreuzt". Die fünf Einzelitems werden unter GROUPS= zu einer fiktiven Variable (genauer: Set) $RISIKO zusammengefasst. $RISIKO ist deshalb fiktiv, weil sie im Datensatz nicht vorhanden sein muss. Bei der „bivariaten" Analyse muss im Gegensatz zur „univariaten" Analyse der Gruppenvariable ein „$" vorangestellt werden. Unter VARIABLES= wird die „zweite" Variable (hier z.B. MEINUNG) für die zweite Dimension der Kreuztabelle angegeben. Die Klammer (0 5) gibt die *theoretisch* möglichen Ausprägungen von MEINUNG an; liegen für eine Ausprägung *empirisch* keine Werte vor, z.B. wie in diesem Beispiel für 0, so wird diese Dimension nicht angezeigt. Der Output stellt also nur fünf Antwortmöglichkeiten von MEINUNG dar, weil die (fehlende) sechste („völlig unwichtig") überhaupt keine Antworten enthielt. Nach /TABLES= wird die „Kreuztabelle" definiert. Unter /CELLS= werden die anzuzeigenden Tabellenparameter angefordert. /BASE= bestimmt, ob die Statistiken auf den Antworten oder den Fällen basieren.

Output

Kreuztabelle $RISIKO*MEINUNG

Risikofaktoren[a]		Wie wichtig erscheint Ihnen eine gesunde Lebensführung?					Gesamt
		unwichtig	eher unwichtig	eher wichtig	wichtig	sehr wichtig	
Risikofaktor: Raucher/in	Anzahl	2	10	8	4	2	26
	Innerhalb $RISIKO %	7,7%	38,5%	30,8%	15,4%	7,7%	
	Innerhalb MEINUNG %	28,6%	50,0%	30,8%	44,4%	66,7%	
	% vom Gesamtwert	3,1%	15,4%	12,3%	6,2%	3,1%	40,0%
Risikofaktor: Ernährung	Anzahl	2	4	3	0	0	9
	Innerhalb $RISIKO %	22,2%	44,4%	33,3%	,0%	,0%	
	Innerhalb MEINUNG %	28,6%	20,0%	11,5%	,0%	,0%	
	% vom Gesamtwert	3,1%	6,2%	4,6%	,0%	,0%	13,8%
Risikofaktor: Probleme	Anzahl	1	1	6	1	1	10
	Innerhalb $RISIKO %	10,0%	10,0%	60,0%	10,0%	10,0%	
	Innerhalb MEINUNG %	14,3%	5,0%	23,1%	11,1%	33,3%	
	% vom Gesamtwert	1,5%	1,5%	9,2%	1,5%	1,5%	15,4%
Risikofaktor: Stress	Anzahl	0	1	2	0	0	3
	Innerhalb $RISIKO %	,0%	33,3%	66,7%	,0%	,0%	
	Innerhalb MEINUNG %	,0%	5,0%	7,7%	,0%	,0%	
	% vom Gesamtwert	,0%	1,5%	3,1%	,0%	,0%	4,6%
Risikofaktor: Bewegung	Anzahl	2	4	7	4	0	17
	Innerhalb $RISIKO %	11,8%	23,5%	41,2%	23,5%	,0%	
	Innerhalb MEINUNG %	28,6%	20,0%	26,9%	44,4%	,0%	
	% vom Gesamtwert	3,1%	6,2%	10,8%	6,2%	,0%	26,2%
Gesamt	Anzahl	7	20	26	9	3	65
	% vom Gesamtwert	10,8%	30,8%	40,0%	13,8%	4,6%	100,0%

Prozentsätze und Gesamtwerte beruhen auf den Antworten.

a. Dichotomy group tabulated at value 1.

Die Interpretationseinheit (Datenbasis) ist nicht mehr der Fall, sondern die abgegebene Antwort. Weil nun in jeder Zeile nicht gleich viele Antworten vorliegen, können aufgrund der massiv verschiedenen Häufigkeiten die Angaben nicht ohne weiteres direkt miteinander verglichen werden.

5.4. Von Mehrfachantworten zu Kategorienvariablen (VARSTOCASES)

Der vierte Analyseansatz wertet Mehrfachantworten auf eine völlig andere Weise als die vorangegangenen Ansätze aus. Das Ziel dieser Analyse ist zunächst, aus den Einzelvariablen RISIKO01 bis RISIKO04 des Ausgangsdatensatzes VORHER eine Klassifikationsvariable zu konstruieren. Da es sich im Beispiel bei Frage 23 um eine MFA handelt, wird ein Fall, der mehrere Antworten abgegeben hat (z.B. NR 5), mehreren Kategorien hinzugefügt. Die konstruierte Klassifikationsvariable wird dann verwendet, um weitere Items aus dem Datensatz vergleichend zu analysieren. Da diese Analyse multivariat (eigentlich ohne Anführungszeichen) erfolgt, wird der Beispieldatensatz aus Übersichtlichkeitsgründen bzgl. Fällen, Antworten bzw. Variablen verkleinert.

Datenstruktur VORHER

NR	RISIKO01	RISIKO02	RISIKO03	RISIKO04	FRAGE1	FRAGE2	FRAGE3
1	1	2	2	2	1	2	3
2	1	2	2	2	2	1	2
3	2	2	2	2	2	2	4
4	1	2	2	2	1	1	1
5	1	2	1	1	2	2	3←

Mehrfachanwort in Zeile

NR	RISIKO01	RISIKO02	RISIKO03	RISIKO04	FRAGE1	FRAGE2	FRAGE3
6	1	2	2	2	1	3	4
7	2	2	2	2	2	1	4
8	1	1	2	2	1	2	5←

Mehrfachanwort in Zeile

NR	RISIKO01	RISIKO02	RISIKO03	RISIKO04	FRAGE1	FRAGE2	FRAGE3
9	1	2	2	2	2	2	1
10	2	2	2	2	2	1	3

Diese Übersicht gibt die Struktur und den Inhalt des Datensatzes VORHER.SAV wieder. NR ist die Identifikationsvariable pro Fall. RISIKO01 bis RISIKO04 werden zu einer Klassifikationsvariablen zusammengefügt. FRAGE1 bis FRAGE3 (metrisches Skalenniveau *angenommen*) werden über diese Klassifikationsvariable vergleichend ausgewertet. Die Pfeile weisen bei den IDs 5 und 8 darauf hin, dass eine Person bei den Einzelitems RISIKO01 bis RISKO04 mehrere Antworten gemacht hat. Die folgende VARSTOCASES-Syntax konstruiert u.a. die neue Klassifikationsvariable, legt eine neue ID (hier: IDNEU) an und übernimmt die weiter auszuwertenden Variablen FRAGE1 bis FRAGE3.

Mit multiplen IF-Anweisungen, z.B. von der Form IF oder (genesteten) DO IF, kann *nicht* dasselbe Ergebnis erzielt werden, weil hier zwar die Vervielfältigung von Wertespalten, aber nicht von Datenzeilen möglich ist. Die Arbeit mit VARSTOCASES ist darüber hinaus viel effizienter und auch eleganter.

Syntax

```
GET FILE='C:\VORHER.sav' .
 VARSTOCASES
/ID = IDNEU
```

```
/MAKE VALIDE FROM risiko01 risiko02 risiko03 risiko04
/INDEX = Index1(VALIDE)
/KEEP =  FRAGE1 FRAGE2 FRAGE3
/NULL = KEEP
/COUNT = ANZAHL "Anzahl" .
SAVE OUTFILE='C:\NACHHER.sav' /COMPRESSED.

GET FILE='C:\NACHHER.sav'.
list .
```

Über GET FILE= wird der zu transformierende Datensatz angefordert.
VARSTOCASES ist der Name der benötigten Prozedur (nicht mit
CASETOVARS verwechseln). /ID= bedeutet, dass eine neue Identifikati-
onsvariable (hier: IDNEU) angelegt wird. Die Daten für IDNEU werden
nicht aus der alten Identifikationsvariablen NR übernommen, sondern aus
der Nummer der Datenzeile, an der sich der jeweilige Fall im Datensatz
VORHER befindet. In der Zeile /MAKE wird die Klassifikationsvariable
VALIDE aus den Einzelitems RISIKO01 bis RISIKO04 konstruiert (ihr
Format muss einheitlich numerisch oder String sein). Die neue Variable
VALIDE enthält die Werte der Items RISIKO01 bis RISIKO04 in der unter MAKE angegebenen Reihenfolge. Über /INDEX= wird eine Variable
INDEX1 angelegt, die anzeigt, welcher Fall sich in welcher Datenzeile im
neuen Datensatz befindet. Die Variable INDEX1 dient v.a. zur Kontrolle
einer erfolgreichen Klassifikation und kann numerisch oder als String angelegt werden; numerisch erleichtert die Formatierung und die Abarbeitung, String erleichtert die Kontrolle. Im Beispiel wurde INDEX1 als
String angelegt, um zu verdeutlichen, wie die vorher in einer Zeile angelegten Werte pro Fall (INDEX) durch Kopieren auf mehrere Datenzeilen
pro Fall vervielfacht wurden (die Werte für FRAGE1 bis FRAGE4 sind
z.B. identisch); INDEX1 und VALIDE basieren auf einer Transformation
von zeilenweise angeordneten Werten in spaltenweise anordnete Werte.
Unter /KEEP= angegebene Variablen werden beibehalten; d.h. die Werte
der Variablen FRAGE1 bis FRAGE4 werden durch zeilenweises Kopieren
vervielfacht. Für den Fall von potentiellen Datenlücken sollte
/NULL=KEEP angegeben werden, um zu verhindern, dass sich SPSS bei
fehlenden Daten verzählt. Die unter /COUNT= angelegte Variable
ANZAHL dient der Kontrolle, ob die Datentransformation erfolgreich war.
Da aus vier Einzelitems (in einer Zeile) vier Ausprägungen einer Klassifikationsvariablen (verteilt auf vier Zeilen) konstruiert werden, muss die
Schleife des Kopierens jeweils viermal durchlaufen werden. Die Anzahl
des Durchlaufens wird in der Variable ANZAHL abgelegt. Wie im an-
schließenden Datensatz zu erkennen ist, beträgt ANZAHL immer 4. Die
Transformation des Datensatzes VORHER in NACHHER war daher feh-

lerfrei und erfolgreich. Der transformierte Datensatz wird unter SAVE
OUTFILE= als NACHER.SAV abgespeichert und über das anschließende
LIST. zu Kontrollzwecken eingesehen.

Was vor einer Analyse beachtet werden sollte, wird weiter unten erläutert.

Datenstruktur NACHHER

IDNEU	INDEX1	VALIDE	FRAGE1	FRAGE2	FRAGE3	ANZAHL	.
1	RISIKO01	1	1	2	3	4	
1	RISIKO02	2	1	2	3	4	
1	RISIKO03	2	1	2	3	4	
1	RISIKO04	2	1	2	3	4	
2	RISIKO01	1	2	1	2	4	
2	RISIKO02	2	2	1	2	4	
2	RISIKO03	2	2	1	2	4	
2	RISIKO04	2	2	1	2	4	
3	RISIKO01	2	2	2	4	4	
3	RISIKO02	2	2	2	4	4	
3	RISIKO03	2	2	2	4	4	
3	RISIKO04	2	2	2	4	4	
4	RISIKO01	1	1	1	1	4	
4	RISIKO02	2	1	1	1	4	
4	RISIKO03	2	1	1	1	4	
4	RISIKO04	2	1	1	1	4	
5	RISIKO01	1	2	2	3	4	← Mehrfachanwort aus Zeile
5	RISIKO02	2	2	2	3	4	← Mehrfachanwort aus Zeile
5	RISIKO03	1	2	2	3	4	← Mehrfachanwort aus Zeile
5	RISIKO04	1	2	2	3	4	← Mehrfachanwort aus Zeile
6	RISIKO01	1	1	3	4	4	
6	RISIKO02	2	1	3	4	4	
6	RISIKO03	2	1	3	4	4	
6	RISIKO04	2	1	3	4	4	
7	RISIKO01	2	2	1	4	4	
7	RISIKO02	2	2	1	4	4	
7	RISIKO03	2	2	1	4	4	
7	RISIKO04	2	2	1	4	4	
8	RISIKO01	1	1	2	5	4	← Mehrfachanwort aus Zeile
8	RISIKO02	1	1	2	5	4	← Mehrfachanwort aus Zeile
8	RISIKO03	2	1	2	5	4	← Mehrfachanwort aus Zeile
8	RISIKO04	2	1	2	5	4	← Mehrfachanwort aus Zeile

9	RISIKO01	1	2	2	1	4
9	RISIKO02	2	2	2	1	4
9	RISIKO03	2	2	2	1	4
9	RISIKO04	2	2	2	1	4
10	RISIKO01	2	2	1	3	4
10	RISIKO02	2	2	1	3	4
10	RISIKO03	2	2	1	3	4
10	RISIKO04	2	2	1	3	4

Bevor diese transformierten Daten einer Analyse unterzogen werden, sollte beachtet werden, dass das Anlegen der Klassifikationsvariablen VALIDE noch nicht ganz abgeschlossen ist. Diese Variable sollte noch mit Labels für ihre Werte versehen werden, aber v.a. sollte darauf geachtet werden, welche *Ausprägungen* der Klassifikationsvariablen die vergleichende Analyse definieren. Die Ausgangsfragestellung lautete: Eine vergleichende Analyse der weiteren Items für die Personen (Fälle), die mehrere Items ankreuzten. Da „Ankreuzen" über die Ausprägung 1 definiert war, können also von der Klassifikationsvariable VALIDE nur die Ausprägungen 1 in der Analyse verbleiben. Vor einer weitergehenden Analyse ist also immer der entsprechende Filter vorzuschalten.

Zum Beispiel weitere Analyse

```
select if (VALIDE=1).
exe.
GRAPH
   /BAR(GROUPED)=MEAN(FRAGE1)  MEAN(FRAGE2)  MEAN(FRAGE3)  BY
index1
   /MISSING=LISTWISE REPORT.
```

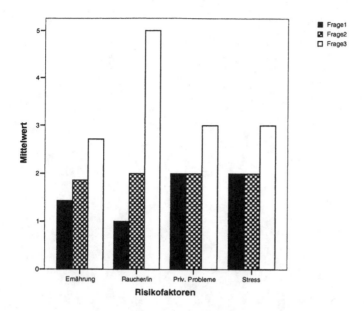

Bei der Interpretation des Diagramms ist zu beachten, dass die Antworten einer Person (z.B. Frage 1 bis Frage 3) vervielfacht worden sind: Dieselbe Antwort einer Person (siehe Datensatz VORHER) wurde in jede vorhandene (weil angekreuzte) Kategorie von INDEX1 kopiert; es handelt sich insofern auch um *abhängige* Daten (siehe auch die Details zum Transformationsprozess).

6. Operationen mit Datums- und Zeitangaben

Der Umgang mit Datums- und Zeitangaben gleicht weder dem mit Strings, noch dem mit numerischen Variablen. Operationen mit Datums- und Zeitangaben sind daher anders anzugehen und sind oft nicht unknifflig. Um mit diesen speziellen Daten umgehen zu können, wird im Folgenden zunächst ausführlich auf die Besonderheiten dieser Variablen hingewiesen.

6.1. Hintergrund und Besonderheiten

Unabhängig von den verschiedenen Lese- und Schreibformaten werden Datums- und Zeitangaben SPSS-intern als sekundengenaue Fliesskommaangaben gespeichert. Ein *Datum* wird SPSS-intern als die Anzahl der Sekunden seit dem 14.10.1582 („Tag 0" des Gregorianischen Kalenders, Mitternacht) gespeichert, 8.11.1957 z.B. als 1.2E+10 Sekunden. Zu einem Datum gehört daher immer auch eine Uhrzeit. Wird die Uhrzeit zu einem Datum nicht genau spezifiziert, wird sie automatisch auf 00:00 gesetzt und in Berechnungen einbezogen (die Formate QYR, MOYR und WKYR speichern z.B. ihre Datumsvarianten „1 Q 99", „1/99", bzw. „1 WK 99" SPSS-intern äquivalent als „January 1, 1999 0:0:00"). In diesem Fall ist ein Datum immer auch ein ganzes Mehrfaches von 86.400 (Anzahl Sekunden pro Tag). Entsprechend ist *Zeit* die SPSS-interne Repräsentation einer Zeitangabe als Zeitdauer in Sekunden. Der Wert für fünf Tage (s.o.) ist daher 432.000 (Sekunden). Der Wert für die Zeitangabe „23:59:59" (23 Stunden, 59 Minuten, 59 Sekunden) ist 86.399 (Sekunden).

Diese Angaben in Sekunden können in statistische Anwendungen einbezogen oder auch in verschiedenen Formaten angezeigt oder ausgedruckt werden. Über die Befehle FORMATS, WRITE FORMATS und PRINT FORMATS kann das Anzeigeformat bestimmt werden und zwar für die Prozeduren bzw. Transformationen LIST, PRINT, REPORT, TABLES und WRITE (aber nicht alle Funktionen in REPORT und TABLES). Alle anderen Prozeduren verwenden das F Format. In einer Häufigkeitstabelle wird z.B. die Datums- bzw. Zeitangabe „1/09/57" (mit dem Druckformat

DATE9) als „*11830147200*" angezeigt, nicht als „*01-SEP-57*". Intern ge-speicherte Datums- und Zeitangaben können demnach je nach den herangezogenen Prozeduren bzw. Transformationen zwei „Gesichter" haben.

Für die vollständige Anzeige muss eine ausreichende Breite („Width") festgelegt werden. Ist diese Breite nicht weit genug, um den vorliegenden Wert komplett anzuzeigen, werden die Datums- und Zeitangaben komprimiert angezeigt. Der intern gespeicherte Wert „23:59:59" (zu lesen als: 23 Stunden, 59 Minuten, 59 Sekunden) wird bei einer zu kurzen Feldweite (z.B. fünf Stellen) nur als „23:59" angezeigt. Die Verkürzung bezieht sich nur auf die Anzeige, nicht auf die interne Speicherung des Werts.

Wie oben bereits angedeutet, werden in SPSS Datums- und Zeitangaben als Fliesskommaangaben gespeichert und zwar in Sekunden. Diese interne Speicherweise hat zur Folge, dass die Zahlen für Datums- und Zeitangaben sehr groß werden und sog. arithmetische „Overflows" die Folge sein können.

Aus diesem Grund sollte auf zwei damit verbundene Probleme hinge-wiesen werden: Einige Rechner(umgebungen) sind möglicherweise nicht in der Lage, höhere Potenzen von Datums- und Zeitangaben zu berechnen. Die Größe der Werte kann in einigen statistischen Prozeduren Ungenauig-keiten verursachen. Ist die Einheit „Sekunde" selbst unerheblich, sollten die Sekunden in andere Einheiten, z.B. Minuten, Stunden oder Tage umge-rechnet werden (z.B. über XDATE.TDAYS). Ist die Einheit „Sekunde" re-levant, sollte von allen Datums- bzw. Zeitangaben eine gemeinsame Refe-renzdatums- bzw. Zeitangabe subtrahiert werden, um den Range der intern zu speichernden Werte einzuschränken. Die folgende Tabelle zeigt eine Auswahl der am häufigsten verwendeten SPSS-Formate für Datums- und Zeitangaben.

Übersicht 1: SPSS-Formate für Datums- und Zeitangaben (Auswahl)

Format	Beschreibung	Min w		Max w	Allgemeine Form	Beispiel
		In	Out			
DATEw	Datum: International	8	9	40	dd-mmm-yy	28-OCT-90
		10	11		dd-mmm-yyyy	28-OCT-1990
ADATEw	Datum: Amerikanisch	8	8	40	mm/dd/yy	10/28/90
		10	10		mm/dd/yyyy	10/28/ 1990
EDATEw	Datum: Europäisch	8	8	40	dd.mm.yy	28.10.90
		10	10		dd.mm.yyyy	28.10. 1990
MOYRw	Datum: Monat und Jahr	6	6	40	mmm yy	OCT 90
		8	8		mmm yyyy	OCT 1990
TIMEw	Zeit	5	5	40	hh:mm	23:59
TIMEw.d	Zeit	10	10	40	hh:mm: ss.s* *max: 16	23:59:59.34
DATE-TIMEw	Datum und Zeit	17	17	40	dd-mmm-yyyy hh:mm	28-OCT-1990 23:59

Quelle: SPSS 13 Command Syntax Reference.

6.2. Arithmetische Operationen

Da Datums- und Zeitangaben SPSS-intern in Sekunden gespeichert werden, können mit ihnen auch arithmetische und andere Operationen durchgeführt werden. Die Ergebnisse dieser Operationen werden wiederum als Sekunden gespeichert und standardmäßig zunächst im F Format, also in Tages- oder Sekundeneinheiten angezeigt. Über FORMATS (oder PRINT FORMATS) kann den berechneten Variablen das gewünschte Format zugewiesen werden (siehe das ausführliche Beispiel).

Laut SPSS-Dokumentation sollten Datumsvariablen (DATE, ADATE, EDATE, etc.) in Berechnungen nicht mit Zeitvariablen (TIME und DTIME) zusammengebracht werden. Weil Datumsvariablen (ab der Einheit „Tag" und höher) automatisch den Zeitwert 00:00:00 haben, können Berechnungen zusammen mit Zeitvariablen (z.B. DATETIME), die *keine* ganzzahligen Tageseinheiten enthalten (z.B. 05-OCT-1999 12:24), zu unzuverlässigen Ergebnissen führen. Nur Ergebnisse für die Einheit „Tag" sind genau; Einheiten darunter, also Minuten und Sekunden, sind ungenau.

Beispiel: Einlesen, Berechnen und Formatieren von Datums- und Zeitangaben

Syntax

```
DATA LIST RECORDS=2
/ZEIT1 1-8 (TIME) ZEIT2 10-19 (DTIME) DATUM1 20-28 (DATE) DATUM2 31-
38 (EDATE)
/DATZEIT1 1-18 (DATETIME) DATZEIT2 20-37 (DATETIME).
BEGIN DATA
12:10:15 1 0:25:10  13-8-90   21/10/90
28-OCT-90 9:15:17 29/OCT/90 10:30:22
END DATA.
COMPUTE ZEITSUM=ZEIT1+ZEIT2.
COMPUTE DATDIFF1=DATUM2-DATUM1.
COMPUTE DATDIFF2=DATZEIT2-DATZEIT1.
COMPUTE DATZEIT=DATZEIT2+ZEIT2.
LIST VARIABLES=ZEIT1 ZEIT2 DATUM1 DATUM2 DATZEIT1 DATZEIT2 .

LIST VARIABLES=ZEITSUM DATDIFF1 DATDIFF2 DATZEIT.
FORMATS ZEITSUM DATDIFF2 (TIME15) DATDIFF1 (DTIME15) DATZEIT
(DATETIME25).
LIST VARIABLES=ZEITSUM DATDIFF1 DATDIFF2 DATZEIT.
```

Erläuterung zur Syntax

Über DATA LIST werden sechs verschiedene Zeit- und Datumsangaben eingelesen. Aus Platzgründen werden diese Angaben für einen Fall auf zwei Datenzeilen verteilt (Records=2). Nach jedem „/" wird der Name der jew. Zeit- bzw. Datumsangaben angegeben, ihre Position (von links aus zu lesen, beachten Sie in diesem Beispiel die *unregelmäßigen* Abstände zur jew. darauf folgenden Variable) und in der Klammer das Einleseformat zur jew. Variable. Die Variable „ZEIT2" befindet sich z.B. auf den Positionen 10 bis 19 und erhält das Format DTIME. Zwischen den Befehlen BEGIN DATA bzw. END DATA werden die Angaben, auf zwei Datenzeilen verteilt und an der eingangs angegebenen Position, in SPSS eingelesen. Die zweite Einlesezeile enthält übrigens nur zwei, allerdings recht komplexe Variablen.

Anhand der verschiedenen COMPUTE-Beispiele werden einige der Möglichkeiten der Berechnungen für Datums- und Zeitangaben demonstriert. Im Prinzip ist jede Berechnung mit Datums- und Zeitangaben möglich; ihre Sinnhaftigkeit kann der Anwender nur anhand seiner konkreten Fragestellung beurteilen.

Die erste LIST Anweisung gibt die eingelesenen Werte aus. Da diesen bereits beim Einlesen ein Format verliehen wurde, erscheinen diese in der Ausgabe direkt als Datums- und Zeitangaben. Die folgenden Anweisungen sollen demonstrieren, wie SPSS errechnete Datums- und Zeitangaben intern als Sekunden bzw. Tage speichert und wie diese Einheiten in Datums- und Zeitangaben umgewandelt werden können. Die zweite LIST Anweisung gibt die berechneten Werte zunächst unformatiert aus. Nachdem den berechneten Werten über die FORMATS Anweisung gewünschte Formate zugewiesen wurden, ist die dritte LIST Anweisung in der Lage, die berechneten Werte ebenfalls als Datums- und Zeitangaben formatiert auszugeben.

Für Details zur Vergabe von Einleseformaten für Datums- und Zeitangaben über DATA LIST und Empfehlungen für ihre anschließende Berechnung wird auf die SPSS-Syntax Dokumentation verwiesen.

Output (Ausschnitte)

Variable	Rec	Start	End	Format
ZEIT1	1	1	8	Time8.0
ZEIT2	1	10	19	Dtime10.0
DATUM1	1	20	28	Date9
DATUM2	1	31	38	Edate8

```
DATZEIT1   2      1     18     Datetime18.0
DATZEIT2   2     20     37     Datetime18.0

ZEIT1    ZEIT2    DATUM1   DATUM2  DATZEIT1        DATZEIT2
12:10:15 1 00:25:10 13-AUG-90 21.10.90   28-OCT-1990 09:15 09-OCT-1990
10:30

ZEITSUM   DATDIFF1   DATDIFF2   DATZEIT
131725,0  5961600    -1637095   1,29E+10

ZEITSUM   DATDIFF1      DATDIFF2     DATZEIT
36:35:25  69 00:00:00   -454:44:55   10-OCT-1990 10:55:32
```

Erläuterung des Output

Die Übersichtstabelle zeigt den Inhalt des angelegten Datensatzes. Untereinander werden die eingelesenen Variablen, ihre Zugehörigkeit zur jew. Datenzeile („Rec"), ihre Position im Datensatz („Start", „End") und das jew. zugewiesene Format angegeben. Die in den Formaten angegebene Weite (z.B. „18.0") wurde im Einleseschritt in DATA LIST festgelegt. Dies ist das Einlese-, nicht notwendigerweise das Ausgabeformat. Bei beiden DATZEIT Variablen werden daher die eingelesenen Sekunden in der Ausgabe unterdrückt. Diese Verkürzung bezieht sich nur auf die Anzeige, nicht auf die interne Speicherung des Werts. Die Ausgabe ändert sich jedoch, wenn Sie diesen beiden Variablen über die FORMATS Anweisung das Format DATETIME25 zuweisen. Die erste Ausgabe gibt die eingelesenen und formatierten Werte aus („ZEIT1" etc.). Die zweite Ausgabe gibt die berechneten und zunächst unformatierten Werte aus („ZEITSUM1" etc.); die dritte Ausgabe gibt die formatierten „ZEITSUM1" etc.-Werte aus.

Festlegung der Ausgabeeinheit bei Differenzen (DATEDIFF-Funktion)

Seit Version 13.0 bietet SPSS die Möglichkeit, beim Berechnen von Differenzen von Zeit- und Datumsvariablen auch gleich die Ausgabeeinheit (Monate, Tage, Wochen bis hinunter in Sekunden) der ermittelten Differenzen festzulegen. Die Funktion DATEDIFF erlaubt z.B. Differenzen zwischen zwei Datumswerten zu berechnen und gleich in den gewünschten Zeiteinheiten auszugeben. Die Beispieldaten stammen aus dem vorangegangen Abschnitt.

Syntax

```
DATA LIST RECORDS=2
/ZEIT1 1-8 (TIME) ZEIT2 10-19 (DTIME) DATUM1 20-28 (DATE) DATUM2 31-
38 (EDATE)
/DATZEIT1 1-18 (DATETIME) DATZEIT2 20-37 (DATETIME).
BEGIN DATA
12:10:15 1 0:25:10  13-8-90   21/10/90
28-OCT-90 9:15:17 29/OCT/90 10:30:22
END DATA.
compute DIFF1=DATEDIFF(zeit2, zeit1, "hours").
exe.
compute DIFF2=DATEDIFF(datum2, datum1, "weeks").
exe.
compute DIFF3=DATEDIFF(datzeit1, datzeit2, "days").
exe.
list variables = DIFF1 DIFF2 DIFF3.
```

Erläuterung der Syntax

Über DATA LIST werden sechs verschiedene Zeit- und Datumsangaben eingelesen. Mittels der DATEDIFF-Funktion werden über COMPUTE die gewünschten Differenzen (z.B. zwischen ZEIT2 und ZEIT1) angegeben, in eine Ausgabevariable abgelegt (z.B. DIFF1) und diese gleichzeitig mit einer Zeiteinheit versehen, z.B. Stunden, angefordert über das Schlüsselwort „hours". Nach LIST werden die ermittelten Differenzen ausgegeben. Als Schlüsselwort angegeben bzw. als Zeiteinheit angefordert können: „years", "quarters", "months", "weeks", "days", "hours", „minutes" und „seconds".

```
Liste

DIFF1   DIFF2   DIFF3

12,00    9,00   18,00

Number of cases read: 1   Number of cases listed: 1
```

Erläuterung des Output

DIFF1 gibt die Differenz zwischen ZEIT2 und ZEIT in Stunden wieder. DIFF2 gibt die Differenz zwischen DATUM2 und DATUM1 in Wochen wieder. DIFF3 gibt die Differenz zwischen DATEZEIT1 und DATEZEIT2 in Wochen wieder. Die ausgegebene Einheit ist immer abwärts gerundet, genauer: trunkiert. Werden präzise Differenzen benötigt, sollte auf die einfache arithmetische Differenz zurückgegriffen werden (s.o.).

6.3. Funktionen für Datums- und Zeitvariablen

Funktionen für Datums- und Zeitvariablen umfassen das Zusammenfassen (aggregation), Konvertieren (conversion) und Extrahieren (extraction), wie auch die YRMODA-Funktion. Manche Funktionen ermöglichen das Konvertieren und Zusammenfassen zugleich.

6.3.1. Zusammenfassen (aggregation)

Funktionen der Zusammenfassung erlauben es, mehrere separate Variablen zu einer einzelnen Zeit- oder Datumsvariablen zusammenzufassen. Bei der Arbeit mit Datumsvariablen ist dabei mit besonderer Sorgfalt vorzugehen. Normalerweise kann SPSS die herangezogenen Daten auf Validität prüfen. Kommen z.B. in den Berechnungen ungültige Werte vor, z.B. keine ganzzahlige Werte zwischen 1 und 31 in Angaben für Tage, so gibt SPSS eine Warnung aus und der betreffende Wert wird auf Missing gesetzt. Kommen jedoch in Nichtschaltjahren besondere Daten vor, z.B. der 29. bis 31. Februar, wird das resultierende Datum in den darauf folgenden Monat verschoben, aus 31.02.1991 wird z.B. 02.03.1991. Im Folgenden werden die häufigsten Funktionen für die Aggregation zusammengestellt. Für weitere Möglichkeiten wird auf die SPSS-Dokumentation verwiesen.

**Konvertierung des Formats von Datums- und Zeitangaben –
von String nach numerisch und zurück**

Der Inhalt numerischer Zeit- und Datumsangaben kann in eine Stringvariable umgewandelt werden; sofern eine Stringvariable ausschließlich Zeit- bzw. Datumsangaben enthält, kann diese in eine Variable im numerischen Zeit- und Datumsformat umgewandelt werden. Im folgenden Beispiel wird die eingelesene (numerische) Variable DATUM in der ersten COMPUTE-Anweisung (STRING-Option) in eine Stringvariable (DATUMS) umgewandelt. In der sich anschließenden COMPUTE-Anweisung (NUMBER-Option) wird die angelegte Stringvariable DATUMS in eine numerische Variable DATUMN umgewandelt.

```
DATA LIST FREE
   /DATUM (edate).
BEGIN DATA
01.02.99 01.03.00 02.12.01
END DATA.
```

```
* Datum (numerisch) -> String *.
string DATUMS (A11).
compute DATUMS=string(datum, edate).
exe.

* String -> Datum (numerisch) *.
compute DATUMN=number(DATUMS, edate).
exe.
formats DATUMN (edate10).
list.
```

Liste

DATUM	DATUMS	DATUMN
01.02.1999	01.02.1999	01.02.1999
01.03.2000	01.03.2000	01.03.2000
02.12.2001	02.12.2001	02.12.2001

Number of cases read: 3   Number of cases listed: 3

Wichtig ist, dass sowohl bei der STRING- also auch bei der NUMBER-Option in der Klammer ein numerisches Zeit- bzw. Datumsformat angegeben wird. Um die Variable DATUMN im korrekten Datumsformat anzeigen zu lassen, muss abschließend über FORMATS das gewünschte Datumsformat vergeben werden.

Zusammenfassen von separaten Tag-, Monat- und Jahr-Angaben in ein Datum

Syntax

```
DATA LIST
/TAG 1-2 MONAT 4-5 JAHR 7-10.
BEGIN DATA
21 11 2002
END DATA.
COMPUTE DATUM1=DATE.DMY(TAG,MONAT,JAHR).
COMPUTE DATUM2=DATE.MDY(MONAT,TAG,JAHR).
exe.
FORMATS DATUM1 (DATE11) DATUM2 (ADATE11) .
LIST VARIABLES=DATUM1 DATUM2 .
```

Ausgabe

```
DATUM1      DATUM2
21-NOV-2002 11/21/2002
```

Aus der Summe von Tagen und einer Jahresangabe das konkrete Datum ermitteln

Syntax

```
DATA LIST
/TAG 1-3 JAHR 5-8.
BEGIN DATA
315 1897
END DATA.
COMPUTE DATUM=DATE.YRDAY(JAHR, TAG).
exe.
FORMATS DATUM (DATE11) .
LIST VARIABLES=DATUM .
```

Ausgabe

```
    DATUM
11-NOV-1897
```

Zusammenfassen von separaten Stunden-, Minuten- und Sekunden-Angaben in ein Zeitintervall

Syntax

```
DATA LIST
/STUNDEN 1-2 MINUTEN 4-5 SEKUNDEN 7-8.
BEGIN DATA
23 59 59
END DATA.
COMPUTE ZEIT=TIME.HMS(STUNDEN, MINUTEN, SEKUNDEN).
COMPUTE ZEIT2=TIME.HMS(STUNDEN, MINUTEN).
COMPUTE ZEIT3=TIME.HMS(STUNDEN).
exe.
FORMATS ZEIT ZEIT2 ZEIT3 (TIME8) .
LIST VARIABLES=ZEIT ZEIT2 ZEIT3 .
```

Ausgabe

```
ZEIT       ZEIT2      ZEIT3
23:59:59   23:59:00   23:00:00
```

Umwandeln von Häufigkeiten für Tage in Angaben in Tagen und Stunden

Syntax

```
DATA LIST
/TAGE 1-5 .
BEGIN DATA
0,125
0,25
0,5
1
1,5
2
END DATA.
COMPUTE ZEIT=TIME.DAYS(TAGE).
exe.
FORMATS ZEIT (DTIME8) .
LIST VARIABLES=ZEIT .
```

Ausgabe

```
   ZEIT
 0 03:00
 0 06:00
 0 12:00
 1 00:00
 1 12:00
 2 00:00
```

Hinweis: Diese Funktion wird nicht den Konvertierungen zugeordnet. Die Ausgangsvariable ist eine einfache Häufigkeitsvariable ohne Zeit- oder Datumsformat.

6.3.2. Konvertierung (conversion)

Funktionen der Konvertierung ermöglichen es einerseits, den Inhalt numerischer Zeit- und Datumsangaben in eine Stringvariable bzw. wieder zurück in ein numerisches Format zu verwandeln, wie auch andererseits, Zeitintervalle von einer Zeiteinheit (z.B. Sekunden) in die andere (z.B. Tage) umzuwandeln und somit angemessene Zeiteinheiten für die jeweilige Fragestellung zu ermitteln. Voraussetzung ist, dass die zu konvertierenden Variablen bereits in einer validen Zeiteinheit sind. Konvertierungen vergeben nichtganzahligen Ergebnissen das Standardausgabeformat F8.2. Da Datums- und Zeitvariablen SPSS-intern bereits in Sekunden gespeichert werden, ist eine Konvertierung in Sekunden unnötig. Im Folgenden werden mehrere Funktionen für die Konvertierung vorgestellt.

Konvertierung von separaten Angaben in Stunden, Minuten und Sekunden in zusammenfassende Tage, Stunden oder Minuten

Syntax

```
DATA LIST
/STUNDEN 1-2 MINUTEN 4-5 SEKUNDEN 7-8.
BEGIN DATA
36 30 30
END DATA.
COMPUTE
NTAGE=CTIME.DAYS(TIME.HMS(STUNDEN,MINUTEN,SEKUNDEN)).
COMPUTE
NSTUNDE=CTIME.HOURS(TIME.HMS(STUNDEN,MINUTEN,SEKUNDEN)).
COMPUTE
NMINUTE=CTIME.MINUTES(TIME.HMS(STUNDEN,MINUTEN,SEKUNDEN)).
exe.
LIST VARIABLES=NTAGE NSTUNDE NMINUTE .
```

Ausgabe

```
NTAGE   NSTUNDE   NMINUTE
1,52     36,51      2190,50
```

Hinweis: SPSS rundet nur in der Ausgabe zur nächsthöheren Einheit auf. Die Werte 23 Stunden, 59 Minuten und 59 Sekunden würden im Beispiel beim Standardformat F8.2 zu folg. Ausgabe führen:

```
NTAGE   NSTUNDE   NMINUTE
1,00     24,00      1439,98
```

Beim Format F8.6 sähe die Ausgabe jedoch so aus:

```
NTAGE    NSTUNDE   NMINUTE
,999988   23,99972  1439,983
```

Die Rundung beschränkt sich daher nur auf die Ausgabe. SPSS-intern sind die Werte präzise konvertiert.

6.3.3. Extraktion (extraction)

Funktionen der Extraktion erlauben es, aus Datums- oder Zeitangaben einzelne Elemente zu extrahieren, um somit Ereignisse oder Phänomene besser bestimmten Datums- oder Zeitintervallen (z.B. Wochentagen, Monaten, Quartalen, Jahren) zuordnen zu können. Der auszuwertende Wert muss ein Datum sein und darf nicht weiter als 14.10.1582 („Tag 0") zurück liegen.

Extrahieren von Tag, Monat oder Jahr aus Datumsangaben (z.B. Format EDATE)

Syntax

```
DATA LIST
/ DATUM 1-10 (EDATE) .
BEGIN DATA
16/9/42
END DATA.
COMPUTE TAG=XDATE.MDAY(DATUM).
COMPUTE MONAT=XDATE.MONTH(DATUM).
COMPUTE JAHR=XDATE.YEAR(DATUM).
FORMATS TAG (F8.0) MONAT (MONTH12) JAHR (F8.0).
LIST VARIABLES=DATUM TAG MONAT JAHR .
```

Output

```
DATUM       TAG    MONAT       JAHR

16.09.1942  16    SEPTEMBER    1942
```

Extrahieren von Woche, Stunden, Minuten oder Sekunden aus Datumsangaben (z.B. Format DATETIME)

```
DATA LIST
/ DATUM 1-18 (DATETIME) .
BEGIN DATA
04-OCT-67 11:43:58
END DATA.
COMPUTE WOCHTAG=XDATE.WKDAY(DATUM).
COMPUTE STUNDEN=XDATE.HOUR(DATUM).
COMPUTE MINUTEN=XDATE.MINUTE(DATUM).
COMPUTE SEKUNDEN=XDATE.SECOND(DATUM).
FORMATS WOCHTAG (WKDAY9) STUNDEN MINUTEN SEKUNDEN (F8.0).
LIST VARIABLES=DATUM WOCHTAG STUNDEN MINUTEN SEKUNDEN .
```

Output

```
DATUM              WOCHTAG  STUNDEN  MINUTEN  SEKUNDEN

04-OCT-1967 11:43  WEDNESDAY    11      43        58
```

Extrahieren von speziellen Zeit- und Datumsangaben (z.B. Format DATETIME)

```
DATA LIST
/ DATUM 1-18 (DATETIME) .
BEGIN DATA
04-OCT-67 11:43:58
END DATA.
COMPUTE UHRZEIT=XDATE.TIME(DATUM).
COMPUTE WOCHNUM=XDATE.WEEK(DATUM).
COMPUTE QUARTAL=XDATE.QUARTER(DATUM).
COMPUTE NTAGE=XDATE.TDAY(DATUM).
COMPUTE DATUM2=XDATE.DATE(DATUM).
FORMATS UHRZEIT (TIME8) WOCHNUM QUARTAL NTAGE (F8.0) DATUM2
(ADATE11).
LIST VARIABLES= UHRZEIT WOCHNUM QUARTAL NTAGE DATUM2.
```

Output

```
UHRZEIT   WOCHNUM  QUARTAL  NTAGE    DATUM2
11:43:58     40       4     140608   04/10/1967
```

UHRZEIT gibt die Tageszeit des angegebenen Datums wieder (Voraussetzung ist, dass das auszuwertende Datum diese Information überhaupt enthält, z.B. die Variable DATUM im Format DATETIME, s.o.). WOCHNUM gibt die Nummer der Woche im Jahr wieder, in der sich das angegebene Datum befindet. QUARTAL gibt das Jahresquartal wieder, in der sich das angegebene Datum befindet. NTAGE gibt die Anzahl der Tage an, die seit dem 14.10.1582 vergangen sind. DATUM2 gibt das auszuwertende Datum im amerikanischen Format wieder.

6.3.4. YRMODA-Funktion

Die YRMODA-Funktion erlaubt es, für ein beliebiges Datum die Anzahl der vergangenen Tage seit dem 14.10.1582 („Tag 0" des Gregorianischen Kalenders) zu ermitteln. Im Prinzip ermittelt die YRMODA-Funktion eine Differenz einer beliebigen Datumsangabe zum 14.10.1582 und gibt diese in Tagen aus. Im Beispiel unten wird für die beiden Daten 3.10.2002 und

5.10.2002 ermittelt, wieviele Tage seit dem 14.10.1582 jeweils vergangen sind. Die Differenzbildung dient der Veranschaulichung, dass diese Berechnung korrekt ist.

Syntax

```
COMPUTE TAGE1=YRMODA(2002,10,5).
exe.
COMPUTE TAGE2=YRMODA(2002,10,3).
exe.
COMPUTE TAGEDIFF=TAGE1-TAGE2.
exe.
LIST VARIABLES=TAGE1 TAGE2 TAGEDIFF .
```

Ausgabe

TAGE1	TAGE2	TAGEDIFF
153393,0	153391,0	2,00

Hinweise: Im Klammerausdruck hinter YRMODA müssen die Werte in der Abfolge „Jahr", „Monat" und „Tag" angegeben werden und zwar mit den entsprechenden Ranges von z.B. von 1 bis 31 für die Einheit Tage. Um ein „Jahr 2000"-Problem zu umgehen, sollten Werte für das Jahr immer vierstellig angegeben werden.

Werden vom üblichen Range abweichende Werte angegeben, gibt SPSS keine Warnung aus, sondern ermittelt andere Tagesdifferenzen. YRMODA(1995,13,1) ergibt z.B. keinen Wert für den Ersten eines dreizehnten Monats, sondern den Wert für 1.1.1996. YRMODA(1995,3,0) ergibt z.B. keinen Wert für den „nullten" März 1995, sondern für den letzten Tag des Vormonats, also unabhängig, ob der Februar 1995 auf einen 28., 29., 30. oder 31. fällt.

6.4. Weitere Möglichkeiten der Arbeit mit Datums- und Zeitvariablen

Anlegen und Überprüfen von Zeitreihen (DATE, VERIFY)

VERIFY erlaubt, neben Datums- und Zeitangaben alle Variablentypen (außer Stringvariablen) in einem Datensatz zu überprüfen. Da der einzige Nachteil dieser nützlichen Prozedur nur der ist, dass in der Grundform "VERIFY VARIABLES=*Zu überprüfende Variable*." nur eine Variable angegeben werden kann, wird im Folgenden gleich die leistungsfähigere

Makrovariante und zwar zusätzlich in Verbindung mit DATE und USE vorgestellt. DATE legt Datumsvariablen an. In _YEAR, _MONTH und _DATE (vgl. Datensatz) werden z.B. regelmäßige Jahreswerte (ab 1990) und Monatsangaben (ab Januar, englisch) abgelegt. Die angegebenen Variablen bzw. gezeigten Informationen gelten für den SPSS-Beispieldatensatz „Employee data.sav" (deutsche Version) und zwar für die ersten 50 Fälle (vgl. USE). Die ausgegebenen Informationen hängen von der jeweiligen Sortierung des Datensatzes ab.

```
date YEAR 1990 MONTH.
use thru 50.
define MACVERY (!pos!charend('/')).
!do !i !in (!1).
verify variables=!i.
!doend
!enddefine.
MACVERY ID GESCHL GEBTAG AUSBILD TÄTIG GEHALT AGEHALT
DAUER ERFAHR MIND /.
```

Im Ausgabefenster sind nun folgende Informationen zu finden, z.B. für die drei Variablen GESCHL, GEBTAG und AUSBILD.

Vergleichen

```
>Error # 705 in column 19. Text: geschl
>A string variable was used in a variable list where only numeric variables
>are allowed.
>This command not executed.
```

Die Stringvariable GESCHL löst eine Fehlermeldung aus.

Vergleichen

Significance	Case Number	YEAR_	MONTH_ DATE_	gebtag
First Case	1	1990	1 JAN 1990	1E+010
First Use				
First Non-Miss				
Last Use	50	1994	2 FEB 1994	1E+010
First Predict	51	1994	3 MAR 1994	1E+010
Last Case	474	2029	6 JUN 2029	1E+010
Last Predict				
Last Non-Miss				

gebtag has 1 missing values in cases 1 thru 474.

Für die Datumsvariable GEBTAG werden aus der gefilterten Reihe die Zeilennummer des ersten und letzten Falls (z.B. 1, 50), des ersten vorhergesagten Werts (51) und die Zeilennummer des letzten Falls der Datenreihe vor der Filterung (474) angezeigt. Die Angabe der eigentlichen Werte von GEBTAG in wissenschaftlicher Notation kann je nach Wertebereich u.U. durchaus uninformativ sein (vgl. Beispiel). In den Fußnoten ist die Anzahl der Missings für die vollständige GEBTAG-Datenreihe angegeben.

Vergleichen

Significance	Case Number	YEAR_	MONTH_ DATE_	ausbild
First Case	1	1990	1 JAN 1990	15
First Use				
First Non-Miss				
Last Use	50	1994	2 FEB 1994	16
First Predict	51	1994	3 MAR 1994	12
Last Case	474	2029	6 JUN 2029	12
Last Predict				
Last Non-Miss				

ausbild has 0 missing values in cases 1 thru 474.

Variable	Miss or Invalid	Nest OK?	--Cycle Start-- Observd	-- Expectd	--Cycle End--- Observd	-- Expectd	--Increment--- Observd	Expectd
YEAR_	0	Yes	1990		2029		1	1
(max)							1	
MONTH_	0	Yes	1	1	12	12	1	1
(max)			1		12		1	

Für die Variable AUSBILD werden entsprechend die gleichen Zeilennummern angezeigt (z.B. 1, 50, 51, 474). In der ersten Zeile tritt der Wert 15 auf, in der letzten der Wert 12 und in der 50. Zeile der Wert 16. Als erster vorhergesagter Wert wird 12 angegeben; die Vorhersage entspricht dabei dem Wert in der 51. Datenzeile. AUSBILD enthält keine Datenlücken. Über DATE wurden die Datumsvariablen _YEAR, _MONTH und _DATE angelegt. VERIFY gibt die angelegten Datumswerte in den entsprechenden Zeilen wieder.

Im nächsten Abschnitt wird die Regelmäßigkeit der mittels DATE vergebenen Wertereihen (z.B. _YEAR, _MONTH) überprüft. „Miss or invalid" überprüft die Reihen auf Missings. „Nest OK?" überprüft, ob die Regelmäßigkeit der beiden Zeitreihen in Ordnung ist, ob also Jahres- und

Montagsangaben korrekt aufeinander abgestimmt (genested) sind. „Cycle Start" bzw. „Cycle End" geben Anfang und Ende der jew. Reihen (_YEAR) bzw. Zyklen (_MONTH) wieder. Da _MONTH ein regelmäßiger Zyklus ist, können im Gegensatz zur YEAR_-Reihe neben den beobachteten Werten auch Erwartungswerte angegeben werden. „Increment" gibt den jew. Abstand der Werte an; der Abstand beträgt zwar jeweils „1", repräsentiert jedoch jeweils verschiedene Einheiten, nämlich Jahr bzw. Monat.

Temporäres Ausfiltern von Datumsangaben

```
compute ZEITFILT eq WANN eq DATE.MOYR(10,2001).
filter by ZEITFILT.
variable label
        ZEITFILT "Fälle für Oktober 2001".
exe.
............
filter off.
```

Die Datumsangaben liegen als Variable WANN im Format MOYR(8.) vor, z.B. „Oct 2001". Die Aufgabe besteht darin, nur die Fälle zu wählen, die in WANN den Wert „Oct 2001" aufweisen. Der Filter sollte nach der gewünschten Operation wieder mit „filter off" abgeschaltet werden.

Permanentes Ausfiltern von Datumsangaben

```
select if WANN eq DATE.MOYR(10,2001).
exe.
```

Auch hier werden nur die Fälle gewählt, die in WANN den Wert „Oct 2001" aufweisen. Die Daten werden permanent ausgefiltert. Der Filter braucht nicht abgeschaltet zu werden.

Punktuelles Ersetzen von Datumsangaben

```
if ID = 123 WANN eq DATE.MOYR(12,2002).
exe.
```

Für den Fall der ID Nr. 123 wird in der Datumsvariablen WANN der ursprüngliche Wert (auch im Falle eines Missing) durch den Wert „Dec 2002" ersetzt. Analog kann auch mit dem Datumsformat DMY vorgegangen werden, z.B. anhand folgenden Programms.

```
if ID = 209 WANN2 eq DATE.DMY(1,11,1963).
```

Für den Fall der ID Nr. 209 wird der ursprüngliche Wert der Datumsvariablen WANN2 (Format DMY, z.B. „17.12.1954" durch den Wert „01.11.1963" ersetzt.

Ein kleiner Trick: Ist das Datum im Format MOYR (z.B. JAN 2001), wird es intern als 01.01.2001 gespeichert. Insofern ist es auch kein Problem, über dieselbe Anweisung MOYR-Daten gezielt in DMY-Daten umzuwandeln.

Natürlich lassen sich Datumsangaben auf diese Weise auch auf Missing setzen, z.B. so:

```
if (WANN1 eq DATE.MOYR( 10,2000)) or (WANN2 eq DATE.MOYR( 11,2000))
WANN3=$SYSMIS .
```

Gezieltes Ersetzen von Datumsangaben in Kopie der Originalvariablen

```
rename variable (WANN=WANNCOPY) .
compute WANN eq WANNCOPY .
variable label WANNCOPY 'Kopie von WANN' .
if ID = 123 WANN eq DATE.MOYR(12,2002).
format WANN (MOYR8).
exe.
```

Für alle, die auf ‚Nummer Sicher' gehen wollen, ist dieser Ansatz interessant. Bevor die Datumsangaben geändert werden, wird über die Abfolge RENAME, COMPUTE und LABEL eine Kopie der Datumsangaben angelegt. Für den Fall der ID Nr. 123 wird der ursprüngliche Wert (auch im Falle eines Missing) durch den Wert „Dec 2002" in der Variablenkopie WANNCOPY ersetzt.

Kategorisieren von Zeitbereichen

Sollen Zeitbereiche klassifiziert werden, bietet sich z.B. die DMY-Funktion an:

```
if (BEFUNDAT ge DATE.DMY(1,10,2001) and BEFUNDAT
          lt DATE.DMY(1,11,2002)) GRUPPE=1.
if (BEFUNDAT ge DATE.DMY(1,11,2001) and BEFUNDAT
          lt DATE.DMY(1,12,2001)) GRUPPE=2.
exe.
```

In diesem Beispiel werden Daten anhand von Zeitbereichen (z.B. Variable BEFUNDAT) in monatliche Bereiche (z.B. die Variable GRUPPE) kategorisiert. Bei von Hand vergebenen Zeitbereichen ist sicherzustellen, dass es die als obere bzw. untere Grenzen vergebene Kalenderdaten tats. gegeben hat.

Ermittlung von Zeit- und Datumswerten über Abstände (DATESUM)

Die Funktion DATESUM (verfügbar ab SPSS V13.0) erlaubt Zeit- oder Datumsangaben im Abstand der Anzahl bestimmter Einheiten ab einem vorgegebenen Datum zu ermitteln. Um also zunächst einem Missverständnis vorzubeugen: DATESUM berechnet nicht die Summe zweier Datums- bzw. Zeitvariablen, auch wenn die Bezeichnung dieser Funktion diesen Eindruck vermitteln sollte. Die Funktion DATESUM ermittelt für jeden Zeit- oder Datumswert einen dazugehörigen Zeit- oder Datumswert, der sich dazu in einem bestimmten Abstand (z.B. 10) in einer bestimmten Einheit (z.B. Monate) dazu befindet. DATESUM würde somit zu einem vorgegebenen Datum (z.B. 21.10.1991) das dazugehörige Datum in zehn Monaten Abstand ermitteln (z.B. 21.08.1992). DATESUM ist heikel bei Schaltjahren bzw. beim Monat Februar, vgl. das Beispiel zum Datum 29.02.2004 im Vergleich zu 28.02.2004.

```
data list free
/DATUM (EDATE10).
begin data
02/10/1990
29/10/1991
28/2/2004
29/2/2004
end data.
exe.
compute METHOD_C=datesum(DATUM, 10, "years", "closest").
exe.
compute METHOD_R=datesum(DATUM, 10, "years", "rollover").
exe.
compute METHOD_F=datesum(DATUM, 10, "years").
exe.
formats METHOD_R METHOD_C METHOD_F (EDATE10).
list.
variable labels
DATUM "Basisdatum"
METHOD_C "Methode 'closest'"
METHOD_R "Methode 'rollover'"
METHOD_F "Methode 'fraction'".
exe.

summarize
/tables=DATUM METHOD_C METHOD_R METHOD_F
/format=validlist nocasenum
/cells=none .
```

Erläuterung der Syntax

Mittels der DATESUM-Funktion wird für jeden Wert der Variablen DATUM ein Wert im Abstand „10" in der Einheit Jahre („years)" ermittelt und je nach angewandter Methode (u.a. rollover, closest) in den Variablen METHOD_R, METHOD_C und METHOD_F abgelegt. Als Abstandseinheiten können angegeben werden: „years", "quarters", "months", "weeks", "days", "hours", „minutes" und „seconds". Für die Methoden „rollover" und „closest" können positive, aber auch negative ganzzahlige Werte für die Anzahl der Abstände angegeben werden; für den Ansatz „fraction" auch Bruchteile.

Bericht

	Basisdatum	Methode 'closest'	Methode 'rollover'	Methode 'fraction'
1	02.10.1990	02.10.00	02.10.00	02.10.00
2	29.10.1991	29.10.01	29.10.01	29.10.01
3	28.02.2004	28.02.14	28.02.14	28.02.14
4	29.02.2004	28.02.14	01.03.14	01.03.14

Erläuterung des Output

Die Ermittlung eines Datums im Abstand bestimmter Einheiten ist im Prinzip selbsterklärend. Interessant daran dürfte besonders die Methode sein, v.a. wenn im Fall eines Schaltjahrdatums (z.B. 29.02.2004) unterschiedliche Ergebnisse die Folge sind: 28.02.2014 und 01.03.2014. Bei „normalen" Daten kommen alle drei Ansätze zum selben Ergebnis (z.B. 28.02.2004).

SPSS stellt drei Ansätze zur Verfügung: Die Methode „closest" (voreingestellt) verwendet den nächsten zulässigen Tag im selben Monat; da es im Jahr 2014 keinen 29.02. gibt, hat der nächste Tag im selben Monat das Datum 28.02.2014 (Ergebnis: 28.02.2014.). Die Methode „rollover" überträgt überzählige Tage auf den nächsten Monat. Weil es z.B. im Jahr 2014 keinen 29.02. gibt, wird der überzählige Tag auf den nächsten Monat übertragen (Ergebnis: 01.03.2014.). Werden bei „fraction" ganzzahlige Abstandswerte (z.B. 10), so wird ein Ergebnis analog zu „rollover" ermittelt; werden dagegen nichtganzzahlige Abstandswerte angegeben (z.B. 10,25), so wird entsprechend des angegebenen Anteils der Einheit Jahr weitergezählt. Ein Abstandswert von 10,25 Jahren würde z.B. das Datum 29.05. 2014 ergeben.

Extrahieren einer Datumsvariablen aus einer Stringvariablen

Es kann vorkommen, dass Datumsangaben nicht in den üblichen Konventionen für eine Datumsvariable vorliegen, z.B.

Datumsangabe	Datumsvariable
1999-10-11 12:04:54	11-OCT-1999 12:04:54
2000-11-12 13:45:24	12-NOV-2000 13:45:24
2001-12-13 14:54:13	13-DEC-2001 14:54:13

In diesem Fall kann man mit SPSS die Datumsangaben zunächst in eine Stringvariable konvertieren und dann daraus die Datumsvariable extrahieren.

Einlesen von Datumsangaben als String, VAR1.

```
data list
/var1 1-19(a).
begin data
1999-10-11 12:04:54
2000-11-12 13:45:24
2001-12-13 14:54:13
end data.
exe.
```

Anlegen von Dummys, um Werte aufzunehmen.

```
string dum1(a10).
string dum2(a8).
string dum3(a19).
compute dum1=concat((substr(var1,9,2)),'-',
         (substr(var1,6,2)),'-',
         (substr(var1,1,4))).
compute dum2=substr(var1,12,8).
compute dum3=concat(dum1,' ',dum2).
exe.
```

Definieren der Datumsvariablen, DATUM.

```
compute Datum=number(dum3,datetime).
format Datum(datetime).
exe.
```

Löschen der Dummies.

```
match files file=*
/drop=dum1 dum2 dum3.
exe.
```

Ausdruck zum Vergleich von String- (VAR1) und Datumvariable
(DATUM).

```
list.
```

7. Analyse von (halb)offenen Textantworten

Das Gemeinsame von offenen und halboffenen Antworten ist, dass Studienteilnehmer die jeweils gestellte Aufgabe bzw. Frage in Form von frei formulierten Textangaben beantworten. Offene Antworten stammen z.B. aus Aufgaben zur freien Beschreibung, Gestaltung, Deutung oder Assoziation, z.B. „Beschreiben Sie Ihren typischen Warenkorb in einem typischen Einkaufsmonat". Halboffene Antworten gehören meist zu Fakten- oder Wissensfragen, die mit einer oder mehreren (vorgegebenen) Antworten gelöst werden, z.B. „Welches Medikament nehmen Sie üblicherweise ein?". Ein erster Unterschied ist, dass bei halboffenen Antworten zum Zeitpunkt der Erhebung die Frage meist so präzise ist, dass eine relativ eingeschränkte Antwortvariation auftritt. Ein zweiter Unterschied rührt daher, dass durch die leitende Frage die Antwort- und damit auch Textvariation bei halboffenen Antworten geringer und somit leichter auszuwerten ist. Eine fundamentale Gemeinsamkeit von offenen und halboffenen Antworten ist, dass sie in Form von syntaktisch und semantisch unregelmäßigen Strings in einer Maximallänge von 255 Zeichen pro Variable vorliegen, wie auch, dass sie dennoch mittels SPSS ausgewertet werden können und zwar auch, wenn diese länger als 255 Zeichen sind.

7.1. Gruppieren von mehreren Textangaben (eine Variable)

Das folgende Programm scannt einen langen String ab (z.B. Variable KAUFLIST) und nimmt über eine vereinheitlichende Kodierung („Gemüse", „Obst") eine Gruppierung (Variable GRUPPE) der Angaben vor. Das Makro ist sehr gut für Angaben geeignet, die in einer Variablen, als String und in geringer Textvariation (vgl. „Apfel" vs. „Äpfel") vorliegen.

```
data list free (",")
 /KAUFLIST (A16).
BEGIN DATA
Möhren,Kartoffeln,Möhren,Äpfel,Kiwi,
Salate,Möhren,Kartoffeln,Orangen,Möhren,Möhren,
```

Kartoffeln,Apfel,Salat,Birnen,Zitronen,Möhren,Salat,Birnen,Möhren,Tomaten
END DATA.

Unter CLASSIFY müssen nur alle zu gruppierenden Antwortvarianten angegeben werden. Enthält das Ergebnis in einem ersten Durchlauf noch Lücken (z.B. für „Kiwi"), besteht immer noch die Möglichkeit, das Programm um weitere CLASSIFY-Zeilen zu ergänzen.

```
define classify (!pos !charend('/') / !pos !tokens(1)).
!do !i !in (!1).
string GRUPPE (A15).
if (index(upcase(KAUFLIST), (!quote(!upcase(!i)))) ne 0)
        GRUPPE = (!quote(!2)).
exe.
!doend.
!enddefine.
classify Apfel Äpfel Birnen Bananen Orangen Zitronen / Obst.
classify Möhre Möhren Kartoffeln Tomaten Paprika SALAT / Gemüse.
list variables = GRUPPE .

variable label GRUPPE "Gruppierte Einkaufsliste".
frequencies variables=GRUPPE.
exe.
```

Gruppierte Einkaufsliste

		Häufigkeit	Prozent	Gültige Prozente	Kumulierte Prozente
Gültig		1	4,8	4,8	4,8
	Gemüse	14	66,7	66,7	71,4
	Obst	6	28,6	28,6	100,0
	Gesamt	21	100,0	100,0	

Die Leerzeile wird durch die noch nicht erfasste Angabe „Kiwi" verursacht.

7.2. Selektives Suchen von Schlüsselbegriffen (eine Variable)

Das folgende Programm sucht lange Angaben auf Schlüsselbegriffe ab (z.B. „Elvis") und setzt Angaben voraus, die in einer Variablen, als String und in mittlerer Textvariation vorliegen. Das Makro scannt diese Strings ab und protokolliert, ob eine bestimmte Angabe bzw. eine zulässige Variante irgendwo innerhalb eines Strings vorkommt. Das anschließende Programm untersucht alle Angaben in einem String.

```
data list / ID 1-3 BANDS 5-200 (A).
begin data
001 Sigur Ros, Beatles, Elvis Presley, Rolling Stones, AC/DC, David Bowie
002 Fettes Brot, Fischmob, FünfSterneDeluxe, Tosca, Kruder & Dorfmeister
003 Arvo Pärt,Bach, Händel, Nina Simone, Elvis, Beatles, Duke Ellington
004 Madonna, Bowie, Nirvana, PRESLEY, Turbonegro, Placebo, U2, Beatles
end data.
exe.
```

Das Makro ignoriert wegen UPCASE eine unterschiedliche Schreibweise.

```
define mactext (!pos !charend('/')).
!do !i !in (!1).
compute KEY=0.
if (index(upcase(BANDS), (!quote(!upcase(!i)))) ne 0) KEY = 1.
exe.
!doend.
!enddefine.
mactext presley elvis /.
variable label KEY "Schlüsselbegriff 'Elvis'".
value label KEY
1 "ja"
0 "nein".
exe.
frequencies variables=KEY.
exe.
```

Schlüsselbegriff 'Elvis'

		Häufigkeit	Prozent	Gültige Prozente	Kumulierte Prozente
Gültig	nein	2	50,0	50,0	50,0
	ja	2	50,0	50,0	100,0
	Gesamt	4	100,0	100,0	

7.3. Analyse mehrerer Angaben (eine Variable)

Das folgende Programm sucht lange Angaben auf die jeweiligen Begriffe ab (z.B. „edel", „spricht an") und setzt Angaben voraus, die in einer Stringvariablen, systematisch durch Kommata getrennt (sehr wichtig!) und auch in ausgeprägt hoher Textvariation vorliegen. Das Programm zerlegt den Ausgangsstring „RATINGS" anhand der Kommas in seine Bestandteile in Form von einzelnen Stringvariablen, dreht über VARSTOCASES den Datensatz so, dass diese Strings wieder eine einzelne Stringvariable („RATINGS") bilden mit dem Unterschied, dass nun die Anzahl der ursprünglichen Angaben insgesamt der Gesamtzahl der Zeilen entspricht.

Um einem Missverständnis vorzubeugen: Die beiden Variablen heißen zwar jeweils „RATINGS" und haben auch dieselben Inhalte, sind aber anders strukturiert. Das Programm ist so geschrieben, dass es bis zu hundert Angaben aus einem String zu extrahieren und analysieren erlaubt. Da ein SPSS-String maximal 255 Zeichen enthalten kann und davon maximal die Hälfte auf die Kommas entfällt, dürfte diese Voreinstellung annähernd das Optimum sein. Sind die zu analysierenden Textangaben auf mehrere Variablen verteilt, kann das anschließende Programm eingesetzt werden.

```
DATA LIST FIXED
/ID 1-2 RATINGS 4-100 (A).
begin data
01 teuer, edel
02 klassisch, ansprechend
03 protzig, anmaßend
04 cool, möcht ich haben, edelst
05 edel
06 spricht an, eindrucksvoll, repräsentativ
07 elegant, schönes Design
08 edel, elegant
09 klassisch, eindrucksvoll, schön
10 cool, edel, schön
end data.
exe.
```

Ermittlung der Anzahl der Kommas und somit auch der Angaben

```
compute N_KOMMA = 0.
loop #NAECHSTE = 1 to 100.
if substr(RATINGS, (#NAECHSTE),1) eq "," N_KOMMA = N_KOMMA + 1.
end loop.
compute N_RATING = N_KOMMA + 1 .
exe.
```

Zerlegung des Ausgangsstrings RATINGS anhand der Kommazahl in separate Variablen (RATINGS1-n)

```
vector RATINGS (100,A100) .
loop #NAECHSTE = 1 to N_RATING by 1.
compute KOMMA = INDEX(RATINGS,',') .
do if (KOMMA ne 0).
compute RATINGS(#NAECHSTE) = substr(RATINGS,1,KOMMA-1).
compute RATINGS = substr(RATINGS,KOMMA+2).
else.
compute RATINGS(#NAECHSTE) = RATINGS .
end if.
end loop .
exe.
```

Zusammenfassen der separaten Variablen zu einer Variablen RATINGS (Drehen des Datensatzes)

```
varstocases
/make RATINGS FROM RATINGS1 to RATINGS100
/index = order (100)
/keep = ID
/null = keep .
variable labels RATINGS
    "Spontane Beschreibung eines Stimulus".
```

Entfernen von Leerzeilen

```
select if (RATINGS ne "").
exe.
```

Ausgabe

```
frequencies
/variables= RATINGS.

GRAPH
/BAR(SIMPLE)=COUNT BY RATINGS .
```

Spontane Beschreibung eines Stimulus

		Häufigkeit	Prozent	Gültige Prozente	Kumulierte Prozente
Gültig	anmaßend	1	4,3	4,3	4,3
	ansprechend	1	4,3	4,3	8,7
	cool	2	8,7	8,7	17,4
	edel	4	17,4	17,4	34,8
	edelst	1	4,3	4,3	39,1
	eindrucksvoll	2	8,7	8,7	47,8
	elegant	2	8,7	8,7	56,5
	klassisch	2	8,7	8,7	65,2
	möcht ich haben	1	4,3	4,3	69,6
	protzig	1	4,3	4,3	73,9
	repräsentativ	1	4,3	4,3	78,3
	schön	2	8,7	8,7	87,0
	schönes Design	1	4,3	4,3	91,3
	spricht an	1	4,3	4,3	95,7
	teuer	1	4,3	4,3	100,0
	Gesamt	23	100,0	100,0	

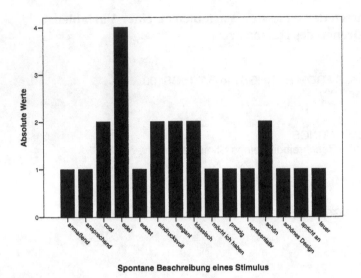

Spontane Beschreibung eines Stimulus

7.4. Analyse mehrerer Angaben (mehrere Variablen)

Das folgende Programm sucht lange Angaben auf die jeweiligen Begriffe ab (z.B. „edel", „spricht an"). Die zu analysierenden Strings sind im Gegensatz zum vorher beschriebenen Programm auf mehrere Variablen verteilt, z.B. „RATING1", „RATING2" und „RATING3". Die verschiedenen Stringvariablen sollten idealerweise bereits beim Einlesen dieselbe Länge aufweisen (z.B. 15 Zeichen). Die Strings können auch in hoher Textvariation vorliegen.

```
data list
/ ID 1-2 RATING1 4-18(A)  RATING2 19-33 (A)  RATING3 34-48 (A) .
begin data
01 teuer       edel
02 klassisch   ansprechend
03 protzig     anmaßend
04 cool        will ich haben      edelst
05 edel
06 spricht an  eindrucksvoll       repräsentativ
07 elegant     schönes Design
08 edel        elegant
09 klassisch   eindrucksvoll       schön
10 cool        edel                schön
end data.
exe.
save outfile="C:\RATING.SAV".
```

Drehen des Datensatzes und Zuweisen von Kodierungen pro Antwortvariation

```
get file="C:\RATING.SAV".
vector R=RATING1 TO RATING3.
STRING RATINGS(A15).
loop I=1 TO 3.
compute RATINGS = R(I).
xsave outfile 'TMP'
/ KEEP RATINGS I ID.
end loop.
exe.
get file='TMP'.
autorecode RATINGS
          /into RATRECOD .
save outfile="C:\RATING2.SAV".
GET file="C:\RATING2.SAV".
```

Auslagern der numerischen Kodes in separate temporäre Datensätze („KODIERNG1", „KODIERNG2", „KODIERNG3"). Die jeweiligen RATRECOD-Werte werden dabei in Variablen mit denselben Bezeichnungen („KODIERNG1", ...) abgelegt. In den temporären Datensätzen sind die Kodierungen abgelegt, z.B. 4="cool", 5="edel" usw. „1" enthält im Beispiel die Kodierung für fehlende Angaben bzw. leere Zellen.

```
do if ($CASENUM < 1).
xsave outfile "KODIERNG1"
        / keep RATRECOD / rename(RATRECOD=KODIERNG1) .
xsave outfile "KODIERNG2"
        / keep RATRECOD / rename(RATRECOD=KODIERNG2) .
xsave outfile "KODIERNG3"
        / keep RATRECOD / rename(RATRECOD=KODIERNG3) .
end if .
```

Die temporären Datensätze werden wieder zu einem zusammengefasst.

```
vector KODIERNG(3).
compute KODIERNG(I)=RATRECOD.
aggregate outfile *
        / break ID
        / KODIERNG1 to KODIERNG3 = max (KODIERNG1 to KODIERNG3) .
add files file=*
/ file = 'KODIERNG1'
        / file= 'KODIERNG2'
        / file= 'KODIERNG3' .
match files
        / file = *
        / file ="C:\RATING.SAV"
        / BY ID.
```

Anforderung der Ausgabe über MULT RESPONSE. „(1 bis 17)" fordert die Kodierungen 1 bis 17 an.

```
mult response
    group=RANKING (KODIERNG1 TO KODIERNG3 (1,17))
    /frequencies=RANKING.
```

Ausgabe

Mehrfachantworten

Fallzusammenfassung

	Fälle					
	Gültig		Fehlend		Gesamt	
	N	Prozent	N	Prozent	N	Prozent
RANKING[a]	10	100,0%	0	,0%	10	100,0%

a. Group

RANKING Frequencies

		Antworten		Prozent der Fälle
		N	Prozent	
RANKING[a]	1	7	23,3%	70,0%
	anmaßend	1	3,3%	10,0%
	ansprechend	1	3,3%	10,0%
	cool	2	6,7%	20,0%
	edel	4	13,3%	40,0%
	edelst	1	3,3%	10,0%
	eindrucksvoll	2	6,7%	20,0%
	elegant	2	6,7%	20,0%
	klassisch	2	6,7%	20,0%
	protzig	1	3,3%	10,0%
	repräsentativ	1	3,3%	10,0%
	schön	2	6,7%	20,0%
	schönes Design	1	3,3%	10,0%
	spricht an	1	3,3%	10,0%
	teuer	1	3,3%	10,0%
	will ich haben	1	3,3%	10,0%
Gesamt		30	100,0%	300,0%

a. Group

Mittels „(2 bis 17)" könnte im Beispiel die Auflistung der leeren Angaben (repräsentiert durch den ausgegebenen Kode „1") unterdrückt werden. Die Ausgabe von SPSS V12 war im Vergleich zur Version 13 informativer.

Die temporären Datensätze „TEMP" und "KODIERNG1" bis „KODIERNG3" können über ERASE FILE= entfernt werden.

7.5. Analyse von Angaben mit mehr als 255 Zeichen (mehrere Variablen)

Eine SPSS-Stringvariable hat eine Maximallänge von 255 Zeichen. SPSS ist dennoch in der Lage, Textangaben über dieser Länge auszuwerten und zwar, indem die Angaben auf mehrere Stringvariablen verteilt werden. Das folgende Beispiel ist eine Erweiterung des Beispiels zum selektiven Suchen von Schlüsselbegriffen. Aus Darstellungsgründen muss sich das Programm auf das Absuchen von zwei Strings mit je 70 Zeichen beschränken, ist aber in der Praxis unkompliziert auf auch mehrere Strings mit 255 Zeichen Länge erweiterbar.

```
file type grouped case=ID 1 record=#ABC 3(A) duplicate=warn.
record type 'A'.
data list
/ CODE 6-8.
record type 'B' .
data list
/ BANDS1 6-75 (A).
record type 'C' .
data list
/ BANDS2 6-75 (A).
end file type.
begin data
1 A 101
1 B Sigur Ros, Beatles, Elvis Presley, Rolling Stones, AC/DC, David Bowie
1 C Arvo Pärt, Bach, Händel, Nina Simone, Elvis, Beatles, Duke Ellington
2 A 542
2 B Fettes Brot, Fischmob, FünfSterneDeluxe, Tosca, Kruder & Dorfmeister
2 C Arvo Pärt, Bach, Händel, Nina Simone, Elvis, Beatles, Duke Ellington
3 A 363
3 B Madonna, Bowie, Nirvana, PRESLEY, Turbonegro, Placebo, U2, Beatles
3 C Arvo Pärt, Bach, Händel, Nina Simone, Elvis, Beatles, Duke Ellington
4 A 656
4 B Madonna, Bowie, Nirvana, PRESLEY, Turbonegro, Placebo, U2, Beatles
4 C Fettes Brot, Fischmob, FünfSterneDeluxe, Tosca, Kruder & Dorfmeister
end data.
list.
```

Über FILE TYPE GROUPED werden für einen Fall jeweils drei Variablen eingelesen, CODE und die beiden Stringvariablen BANDS1 und BANDS2. Das Schlüsselwort des Makros ist dieses Mal „Madonna".

```
define mactext (!pos !charend('/')).
!do !i !in (!1).
compute KEY1=0.
if (index(upcase(BANDS1), (!quote(!upcase(!i)))) ne 0) KEY1 = 1.
exe.
compute KEY2=0.
if (index(upcase(BANDS2), (!quote(!upcase(!i)))) ne 0) KEY2 = 1.
exe.
!doend.
!enddefine.
mactext madonna /.
xsave outfile "keys1".
exe.
```

Über das Makro werden für jede Stringvariable separate Key-Variablen angelegt („KEY1", „KEY2") und im temporären Datensatz „KEYS1" abgelegt.

```
get file "keys1".
vector K_=KEY1 to KEY2.
loop ZEIT=1 TO 2.
compute KEYS=K_(ZEIT).
xsave outfile 'tmp'
/keep ID ZEIT KEYS.
end loop.
exe.
get file 'TMP'.
exe.
xsave outfile "keys2".
exe.
get file "keys2".
exe.
variable label KEYS "Schlüsselbegriff 'Madonna'".
value label KEYS
1 "ja"
0 "nein".
exe.
```

Der Datensatz „KEYS1" wird umstrukturiert, die separaten Key-Variablen („KEY1", „KEY2") in eine gemeinsame Variable KEYS transformiert und als Datensatz „KEYS2" abgelegt.

```
frequencies variables=KEYS.
exe.
```

Schlüsselbegriff 'Madonna'

		Häufigkeit	Prozent	Gültige Prozente	Kumulierte Prozente
Gültig	nein	6	75,0	75,0	75,0
	ja	2	25,0	25,0	100,0
	Gesamt	8	100,0	100,0	

In den acht Datenzeilen nach BEGIN DATA tritt „Madonna" zweimal auf.
In sechs Zeilen kommt dieser Schlüsselbegriff nicht vor.

8. Erste Hinweise für die Arbeit mit Syntaxprogrammen

8.1. Syntaxprogrammieren – erste Schritte

Voreinstellungen: Aktivieren Sie unter „Bearbeiten" ⇒ „Optionen" in der Registerkarte "Text-Viewer" die Option "Befehle im Log anzeigen". Aktivieren Sie außerdem unter „Bearbeiten" ⇒ „Optionen" in der Registerkarte "Allgemein" die Option "Syntaxfenster beim Starten öffnen".

Starten Sie SPSS und öffnen Sie einen Datensatz Ihrer Wahl über die Maussteuerung. Sie müssen dazu wissen, wie die Datei heißt und wo die Datei gespeichert ist (Speicherort, Pfad). Sobald der Datensatz geladen ist, sehen Sie sich bitte die protokollierte Syntax im Ausgabefenster an. So wird der Code aussehen, den Sie am Ende dieses Kurses programmieren können.

Erzeugen Sie per Maussteuerung eine beliebige Grafik. Überzeugen Sie sich im Ausgabefenster, dass die Abfolge der Mausklicks erfolgreich die gewünschte Grafik erzeugt hat. Kopieren Sie die ebenfalls im Ausgabefenster abgelegte Grafik-Syntax in das Syntaxfenster.

```
GRAPH
/SCATTERPLOT(BIVAR)=lifeexpm
 WITH calories BY country (NAME)
/MISSING=LISTWISE .
```

Überzeugen Sie sich davon, dass die im Syntaxfenster abgelegte Syntax exakt der aus dem Ausgabefenster entspricht. Korrigieren Sie ggf. umgebrochene Syntaxzeilen (wie z.B. unten).

```
GRAPH
/SCATTERPLOT(BIVAR)=lifeexpm
 WITH calories BY country (NAME)
/MISSING=LISTWISE .
```

Markieren Sie im Syntaxfenster die Syntax und klicken Sie unter „Ausführen" entweder auf „Alles", „Auswahl" oder in der Symbolleiste auf das

„play"-Symbol. Überprüfen Sie das Ergebnis im Ausgabefenster. Speichern Sie die Syntax als Ihr erstes SPSS-Programm ab.

Wiederholen Sie diese Schritte für andere Grafiken, Analysen oder Datentransformationen Ihrer Wahl.

8.2. Hinweise für die Arbeit mit der SPSS-Syntax

Arbeiten Sie *niemals* mit Originaldaten, sondern immer nur mit einer Sicherheitskopie Ihrer Daten. Diese Grundregel gilt nicht nur für das Arbeiten mit Syntax, sondern auch für die Steuerung per Maus.

Speichern Sie Teildaten (Subsets) *niemals* unter dem Namen Ihrer Originaldaten ab. Sobald Sie irgendwann oder irgendwie Ihre Originaldaten mit den Teildaten überschrieben haben, sind diese unrettbar verloren (außer Sie haben den allerersten Tipp beherzigt).

Variablen sind in einer Syntax nur dann effektiv, wenn sie im Datensatz vorkommen. Variablennamen müssen vollständig ausgeschrieben werden und dürfen max. 8 Zeichen lang sein; nicht alle SPSS-Programme sind in der Lage, Variablennamen mit mehr als Zeichen zu verarbeiten, z.B. LIST. Spezielle Variablen(namen) beginnen mit einem Sonderzeichen. Makrovariablen beginnen z.B. mit !, Systemvariablen beginnen mit $ und sog. Scratchvariablen mit #. Variablennamen sollten nicht in Kombinationen aus „0" und „O" enden, da diese sowohl oft vom Anwender, wie auch manchmal vom Rechner nicht immer zuverlässig auseinander gehalten werden können. Variablennamen, die mit einem Punkt oder einem Unterstrich enden, führen u.U. zu Konflikten bei der Abarbeitung bei der Syntax und sollten daher ebenfalls vermieden werden.

Verwechseln Sie beim Programmieren die Namen von Variablen nicht mit Formaten von Variablen. Variablennamen bezeichnen zuallererst immer nur Rohdaten. Beim Arbeiten mit unformatierten Variablen basieren also auch die erzielten Ergebnisse auf unformatierten Rohdaten. Sollen Rohdaten designt, also besondere Label zugewiesen werden, können dazu sog. Formate entweder direkt über den Datensatz oder über die Syntax (z.B. VALUE LABELS) vergeben werden. Sind die Daten von Variablen formatiert, weisen auch die Ergebnisse das gewünschte Design auf, z.B. bestimmte Kommastellen oder Wertelabel. Die Formatierung von Variablen hat keinen Einfluss auf die Präzision der internen Speicherung ihrer Werte.

Beachten Sie beim Programmieren den zulässigen Befehlsabschluss. Viele Befehle werden mit einem Punkt (.) abgeschlossen; die Angabe für Optionen oft ohne Punkt. Viele Unterbefehle werden durch Schrägstriche (/) voneinander getrennt. Zeilen mit Befehlssyntax dürfen nicht länger als 80 Zeichen sein. Für Besonderheiten zur Befehlssyntax wird auf die SPSS-Syntaxdokumentation verwiesen. Für eine bessere Übersicht sollte jeder Befehl in einer neuen Zeile beginnen; Einrückungen können ebenfalls das Lesen eines Programms verbessern. Viele Befehle können durch Abkürzungen ersetzt werden (EXECUTE = EXE bzw. EXEC).

EXE(CUTE). sollte nach jeder Prozedur (z.B. NPAR TESTS) bzw. Transformation (z.B. ADD, COMPUTE, IF, MATCH, PRINT, SAVE, UPDATE, WRITE, XSAVE) verwendet werden (außer innerhalb von Schleifen, z.B. DO IF, DO REPEAT, LOOP), (auch wenn dies je nach Syntaxprogramm redundant erscheinen mag), weil sonst inkorrekte Berechnungen die Folge sein können. SPSS gibt jedoch einen Fingerzeig, ob Transformationen mit einem EXE. abgeschlossen werden sollten.

Schicken Sie zur Veranschaulichung eine beliebige (aber funktionsfähige) Befehlszeile mit einem IF-Befehl ohne ein abschließendes EXE. ab, z.B. if (alter > 40) agruppe = 1. Wenn Sie nach Abschicken dieses Befehles in die Datensatzansicht gehen, werden Sie feststellen, dass zwar die Variable AGRUPPE angelegt wurde, aber dass sie keine „1" enthält, obwohl Alterswerte größer als 40 vorkommen. Der Grund ist das nicht angegebene EXE. Unterhalb des aktiven Fensters (unabhängig von Ausgabe-, Daten- oder Syntaxfenster) weist SPSS mit der Meldung „Offene Transformationen" darauf hin, dass der IF-Befehl vielleicht besser mit einem EXE. abgeschlossen werden sollte. Wenn Sie nun alles noch einmal *mit* einem EXE. ausprobieren, wird AGRUPPE „1" enthalten (vorausgesetzt, ALTER enthält Werte größer als 40); SPSS wird jetzt nicht den Hinweis „Offene Transformationen" zeigen. Verlassen Sie sich jedoch nicht auf diesen Hinweis, sondern überprüfen Sie immer an den ausgegebenen Werten direkt, ob die Operation wie gewünscht ausgeführt wurde.

Das Vergessen eines EXE. kann also zunächst dazu führen, dass eine Transformation nicht ausgeführt wird, z.B. bei IF, SELECT IF oder auch RECODE. Sobald SPSS jedoch für weitere Analysen auf die nicht angelegten Werte zuzugreifen versucht, z.B. über COUNT usw., wird dies zu weiteren fehlerhaften Berechnungen bzw. Operationen führen. Das Vergessen eines EXE. kann also eine kleine Ursache mit großer Wirkung sein.

Text kann wahlweise in Apostrophen oder Anführungszeichen angegeben werden. Wichtig ist die einheitliche Verwendung, dass also am Schluss dasselbe Zeichen wie am Anfang folgt. Der Text sollte sich im Allgemeinen auf einer Zeile befinden. Ausnahme: Längere Angaben können mit '+' bzw. '\n' umgebrochen werden. Die Darstellung von Anführungszeichnen *innerhalb* von Überschriften etc. ist durch die weitere Verwendung von zusätzlichen Anführungszeichen etc. möglich.

Wenn Leerzeichen zulässig sind, können Sie i.A. beliebig viele Leerzeilen oder Zeilenumbrüche einfügen. Zum Kennzeichnen von Dezimalstellen in Formeln oder Funktionen muss der Punkt (.) verwendet werden.

Die SPSS-Syntax unterscheidet nicht zwischen Groß- und Kleinschreibung. Beide Programme erzielen dasselbe Ergebnis:

```
FREQUENCIES                         Freq var=beruf gschlech
  VARIABLES=BERUF GSCHLECH          /percent=25 50 75 /bar.
  /PERCENTILES=25 50 75
  /BARCHART.
```

Komplexe Bedingungen (z.B. DO IF-ELSE IF) sollten immer zunächst anhand überschaubarer Testdaten kontrolliert, z.B. mittels eines Taschenrechners bzw. von Hand gegengerechnet werden. Dies empfiehlt sich vor allem, je verschachtelter die logischen Bedingungen (Test der Komplexität) sind und bei größeren Datensätzen (Minderung von Rechenauslastung). Falsche Ergebnisse als Resultat ungeprüfter Bedingungen werden sonst gar nicht oder u.U. nur zufällig dadurch entdeckt, weil sie in einem bestimmten Zusammenhang unplausibel sind. Um zu vermeiden, dass der Aufwand vieler Analysen etc. umsonst war, muss die Korrektheit logischer Bedingungen immer geprüft sein.

Überschriften

Titel und Untertitel machen einen Output übersichtlicher:

```
SET HEADER=YES.
TITLE 'Das ist ein max. 60 Zeichen langer Titel'.
SUBTITLE 'Das ist ein max. 60 Zeichen langer Untertitel'.
```

SET HEADER muss auf YES gesetzt sein (s.u.).

Ihren Textoutput können Sie mit mehreren Titeln und Untertiteln zugleich versehen:

```
SET HEADER=YES.
TITLE 'Das ist ein max. 60 Zeichen langer Titel'.
TITLE 'Das ist auch ein max. 60 Zeichen langer Titel'.
SUBTITLE 'Das ist ein max. 60 Zeichen langer Untertitel'.
SUBTITLE 'Das ist auch ein max. 60 Zeichen langer Untertitel'.
SUBTITLE 'Das ist noch ein max. 60 Zeichen langer Untertitel'.
```

9. Makroprogrammierung mit SPSS – erste Schritte

9.1. Was sind Makros?

Makros sind etwas Feines. Makros sind technisch gesehen die Automatisierung von wiederkehrenden Abläufen innerhalb von Anwendungen, auf SPSS übertragen also z.B. die automatisierte Abarbeitung derselben Anwendungen für viele verschiedene Variablen, die effiziente Abarbeitung verschiedener Anwendungen für ein und dieselbe Variable oder auch eine Kombination von beidem.

Was an dieser Stelle noch etwas abstrakt und technisch klingt, hört sich vielleicht in anderen Worten etwas anschaulicher an. Die Effektivität von Makros entspricht dem Mehrfachen von Syntaxprogrammen. Wenn das Ausführen von „normaler" SPSS-Syntax bereits einen Gewinn durch Automatisierung bedeutet, dann erst recht die Automatisierung der „normal" automatisierenden SPSS-Syntax.

Effizientes Makroprogrammieren macht es möglich, mit einem Programm, das in ein bis zwei Tagen Arbeit entwickelt wurde, Wochen oder Monate an mühevoller und langwieriger (vielleicht sogar noch mausgesteuerter?) Analyse zu ersparen. Stellen Sie sich nur einfach mal vor, wie hunderte oder tausende von Variablen „auf Knopfdruck" nacheinander wie geplant ausgewertet werden, während Sie in aller Ruhe eine Tasse Kaffee oder Tee trinken. Das können Sie ziemlich schnell. Sie glauben das nicht? Dann sehen Sie mal im Abschnitt 9.8. zum Crashkurs nach.

SPSS hat eine integrierte Makrofunktion, die sog. Macro Facility, vorgestellt im SPSS Command Syntax Reference (2004) im „Appendix D" bzw. auch unter dem Befehl „DEFINE-!ENDDEFINE". Sie müssen sich diese nur noch zunutze machen. Wie, das erläutert Ihnen dieses Kapitel. Warum, darauf wird der folgende Abschnitt eingehen. Vorab: Makroprogrammieren ist nicht schwierig. Man muss nur wissen wie.

Dieses Kapitel versteht sich als Einführung in die Makroprogrammierung. Programmier-Cracks, die seitenlange Programme mit dutzenden von Ebenen, Schleifen und sonstigen technischen Gimmicks erwarten, müssen auf eine spätere Veröffentlichung vertröstet werden.

9.1.1. Was leisten Makros? Vorteile des Makroprogrammierens

Weil Makros auf SPSS-Syntax aufbauen, verkörpern Makros auch alle Vorteile der Syntaxprogrammierung, z.B. Validierung, Automatisierbarkeit und Wiederverwendbarkeit, Geschwindigkeit, Offenheit, Übersichtlichkeit und Systematisierung usw.

Weil Makros aber die SPSS-Syntax selbst wiederum systematisieren und automatisieren, kann man ohne weiteres sagen, dass Makros das Mehrfache der Syntaxeffizienz verkörpern. Mittels Makros kann die SPSS-Syntaxprogrammierung automatisiert und wiederholt genutzt werden, ohne dass im Prinzip neue Syntaxbefehle geschrieben oder angepasst werden müssen.

Die zusätzlichen Vorteile durch SPSS-Makros

- Effizienzsteigerung: SPSS-Makros potenzieren die Effizienz der Syntaxprogrammierung. Die Folge ist eine vielfache Zeitersparnis und Produktivität durch bereits sehr einfache Makroprogramme.

- Geschwindigkeit: Makros laufen üblicherweise generell schneller ab als normale Anweisungen.

- Kürze: SPSS-Makros reduzieren lange Syntaxprogramme mit gleichförmigen Schritten auf den einen Schritt, der sich permanent wiederholt. Lange Syntaxprogramme werden kürzer (vgl. 9.8.).

- Übersichtlichkeit: Die Komprimierung auf wenige essentielle Schritte macht Programme überschaubarer, systematischer und nachvollziehbarer. Die Wahrscheinlichkeit versehentlicher Abweichungen von einer einheitlichen Abarbeitung ist ausgeschlossen.

- Kombinierbarkeit: Makros können mit SPSS-Syntax im Wechsel eingesetzt werden. Damit ist gemeint, dass Makros in bereits vorhandene Syntaxprogramme eingefügt werden können. Man kann sich das so vorstellen, dass vor dem Makro zunächst „normale" SPSS-Syntax abgearbeitet wird, dann ein Makro, dann wieder Abschnitte „normaler" SPSS-Syntax usw.

- Performanzsteigerung: Mit Performanzsteigerung ist hier gemeint, dass Sie z.B. auf die von SPSS bereitgestellten Makros zurückgreifen und einsetzen können, z.B. zur Ridge Regression, zur Kanonischen Korrelation und viele andere mehr. Sie können also nicht nur Ihre Performanz in Richtung Effizienz steigern, sondern auch hinsichtlich des Leistungsumfangs.

Um einem Missverständnis möglichst frühzeitig vorzubeugen. Makros sind nicht bloße Automatisierungsmaßnahmen für eine beschleunigte Verfügbarkeit von Anwendungen. Mit Makros kann analog zur SPSS-Syntax hochgradig flexibel und anspruchsvoll programmiert werden. Mit Makros kann eine erweiterte und flexiblere Einsatzmöglichkeit von SPSS erreicht werden, die über die Möglichkeiten der SPSS-Syntax weit hinausgeht. Dieses Buch stellt Makros für die unterschiedlichsten Anwendungen und in unterschiedlicher Komplexität vor, z.B. für das die Restrukturierung eines Datensatzes, das Analysieren von Textangaben oder Suchen von Schlüsselbegriffen (vgl. auch die angedeuteten Anwendungsmöglichkeiten in Kap. 1). Darüber hinaus bietet sich der Einsatz von Makros bei wiederholten Analysen auf identische Datensätze oder Variablen an, eine periodisch wiederkehrende Datenerhebung, die sich auf einzelne Parameter, Variablen oder ganze Datensätze beziehen kann, wie z.B. auch das Ziehen von Zufallsstichproben aus umfangreichen Datensätzen.

9.1.2. Aufbau dieser Einheit

Abschnitt 9.1. erläuterte, was Makros sind und was Makros leisten. Der Abschnitt 9.2. erläutert anschließend die Elemente eines Makros an einem zunächst einfachen Beispiel. Abschnitt 9.3. stellt erste unkomplizierte Makros vor. In dieser ersten Zusammenstellung werden Makros zusammengestellt, die über unkomplizierte Platzhalter-Funktionen die wiederholte Anforderung gleichförmiger Anwendungen für listenweise vorgegebene Variablen hochgradig beschleunigen können; vorgestellt werden Beispiele für die Automatisierung der Anforderung von Analysen, z.B. Varianzanalysen, von Grafiken, z.B. Streudiagramme, von Maßen, z.B. Korrelationen und von Tabellen, z.B. Kreuztabellen. Abschnitt 9.4. beschäftigt sich wieder mit der technischen Seite von Makros und erläutert Aufbau und Ablauf eines Makros, der Makrodefinition, dem Makroinhalt und dem Makroaufruf. Abschnitt 9.5. stellt evtl. etwas anspruchsvoll erscheinende Beispiele vor, z.B. das direkte Übergeben von Werten an Makrovariablen (9.5.1.), z.B. zahlreiche Funktionen für Strings (z.B. !LENGTH für die Länge des festgelegten Strings, !CONCAT für das Zusammenfügen von mehreren Strings und !SUBSTR für das Extrahieren eines Teilstrings aus einem längeren String) (9.5.2.), z.B. Bedingungen (z.B. das Ausführen eines Befehles nur unter bestimmten Bedingungen bzw. Voraussetzungen mittels !IF-, !THEN und !IFEND) (9.5.3.) und z.B. Schleifen bzw. Loops, mit deren Hilfe sich wiederkehrende Aufgaben automatisiert abarbeiten lassen. Unter 9.5.4. werden z.B. die Varianten des Index-Loops und eines listenweise arbeitenden Loops vorgestellt. Der Abschnitt 9.6. geht nun in die technischen Details ein und stellt z.B. die Bezugnahme innerhalb eines Makros vor, z.B. mittels Platzhaltern für Variablennamen, sog. Argumenten (9.6.1., !KEY) oder auch Positionen innerhalb eines Makros (9.6.2., !POSITIONAL). Abschnitt 9.6.3. erläutert weitere wichtige Begriffe für die Makrodefinition (!TOKENS, !CHAREND, !ENCLOSE und !CMDEND). Abschließend werden unter 9.6.4. verschiedene SET-Optionen für die Makronutzung vorgestellt. Der Abschnitt 9.7. bereitet auf häufige Fallstricke bei der Makroprogrammierung vor, zeigt aber auch, dass augenscheinlich umfangreiche Fehlermeldungen oft auch „viel Rauch um nichts" sein können. Der Abschnitt 9.8. stellt erste sieben Schritte für das Schreiben von Makros zusammen.

Die vorgestellten Beispiele basieren ausnahmslos auf dem SPSS-Datensatz „1993 US Sozialerhebung (Teilmenge).sav". Dieser Datensatz wird mit SPSS üblicherweise mitgeliefert. Die Terminologie stützt sich dabei im Wesentlichen auf die Konventionen der SPSS Syntax Command Reference (2004).

9.2. Wie ist ein Makroprogramm aufgebaut?

Elemente eines Makros an einem ersten Beispiel

Zum Einstieg in die Welt der Makroprogrammierung dienen zunächst einfache Beispiele, um im Anschluss die einzelnen Makrobestandteile sukzessiv vorzustellen und zu erläutern. Zunächst werden also die Struktur und die Funktionsweise eines Makroprogramms erläutert. Die technischen Details folgen in späteren Abschnitten. Aus dem geöffneten Datensatz „1993 US Sozialerhebung (Teilmenge).sav" sollen zunächst die Häufigkeiten für die Variablen Familienstand, Ausbildung und Bildungsabschluss ausgegeben werden. Zunächst wird mit einem einfachen Beispiel begonnen, um dann schrittweise zum Komplexen überzugehen. Die beiden folgenden Zeilen entsprechen der „normalen" FREQUENCIES-Syntax.

```
frequencies var = famstand ausbild abschlus
/barchart.
```

Die Funktionsweise der beiden folgenden Makrobeispiele entspricht der des o.a. FREQUENCIES-Befehls. Es sind sozusagen Makros (noch!) ohne Makro-Power. Diese Beispiele sind noch sehr überschaubar und machen es einfach, den Aufbau eines Makroprogramms zu erklären.

Grundsätzlich wird ein Makro zwischen den beiden Befehlen DEFINE und !ENDDEFINE definiert. Die beiden Befehlselemente DEFINE und

!ENDDEFINE (nur !ENDDEFINE immer mit einem vorangestellten Ausrufezeichen) bestimmen den Anfang und das Ende eines Makros. Zwischen diesem Befehlspaar steht der eigentliche Makroinhalt, z.B. die Ausführung einer Anwendung (z.B. FREQUENCIES oder auch anderer Anweisungen).

```
********************************************************************.
*  Ein erstes einfaches Makro ohne Argumente (Leere Klammer)      *.
********************************************************************.
 DEFINE !freq1 ( ).
 frequencies var = famstand ausbild abschlus
 /barchart.
 !ENDDEFINE.

 !freq1.
********************************************************************.
```

Nach dem Befehl DEFINE wird zunächst der Name des Makros vergeben, der unmittelbar nach diesem Befehl beliebig – unter Berücksichtigung der üblichen SPSS-Namenskonventionen – vergeben werden darf. Der Name des Makros muss also u.a. an der Stelle nach dem Ausrufezeichen ein Zeichen (keine Zahl) aufweisen und darf in aktuelleren SPSS-Versionen einschließlich Ausrufezeichen nicht länger als 64 Zeichen sein. Zur Gewährleistung einer optimalen Kompatibilität mit älteren bzw. anderen SPSS-Versionen (z.B. SPSS for Windows, SPSS for Macintosh) wird jedoch empfohlen, Makronamen nicht über acht Zeichen Länge zu verwenden.

```
********************************************************************.
*  Ein zweites Beispiel für ein einfaches Makro ohne Argumente    *.
********************************************************************.
 DEFINE !freq2 ( ).
 descriptives var =alter fameink.
 !ENDDEFINE.

 !freq2.
********************************************************************.
```

Die Namen der beiden Makros lauten !FREQ1 bzw. !FREQ2. Das Ausrufezeichen kann im Prinzip weggelassen werden; es wird jedoch dringend empfohlen, Namen für Makros immer mit einem Ausrufezeichen zu versehen. Das Ausrufezeichen vor dem Makronamen dient dazu, Verwechslungen beim Ausführen des Makrobefehls unter SPSS zu vermeiden, die durch gleichnamige Variablennamen oder Befehle ausgelöst werden könnten. Das Makro würde sonst bei jeder Gelegenheit durch gleichlautende Schlüsselwörter ausgelöst werden, eine sicherlich unerfreuliche Aussicht. Aus diesem Grunde sollte man sich von Beginn an angewöhnen, einen

Makronamen immer mit einem Ausrufezeichen zu versehen. Das Ausrufezeichen hat auch eine Orientierungsfunktion. In einer umfangreichen Syntax kann dadurch die Stelle, an der ein Makro beginnt, leichter gefunden werden.

Die Klammern nach dem Makronamen sind zwingend notwendig und zwar unabhängig davon, ob sie leer bleiben (wie z.B. in den o.a. Beispielen) oder einen Inhalt aufweisen, die sog. Argumente. Auf den Klammerinhalt, die sog. Argumente und ihre Parametrisierung wird später eingegangen. Die letzte rechte Klammer wird mit einem Punkt abschlossen.

Zwischen der DEFINE-Zeile und der !ENDDEFINE-Zeile befindet sich das, was das Makro leisten soll, der sog. Makrokörper. Eine der einfachsten Anwendungen für Makros ist z.B. das automatisierte Ausführen von Prozeduren, z.B. FREQUENCIES oder DESCRIPTIVES. An den Makrokörper schließt sich die !ENDDEFINE-Zeile an. Der Befehl !ENDDEFINE zeigt das Ende des Makros an und schließt die sog. Makrodefinition ab (daher auch „end define"). Ist die Makrodefinition abgeschlossen, muss es über das Ausführen der Zeilen von DEFINE bis !ENDDEFINE zunächst an SPSS übergeben werden. Anschließend kann das Makro einfach auch nur über den zuvor vergebenen Namen (einschließlich Ausrufezeichen) aufgerufen werden, z.B. !FREQ1.

Makroprogramm und erster Aufruf...	zweiter bis vierter Aufruf.
DEFINE !freq1 ( ). descriptives var =alter fameink. !ENDDEFINE. !freq1.	!freq1. !freq1. !freq1.

Makros bedeuten v.a. bei längeren SPSS-Programmen eine massive Komprimierung von Programmierzeilen. Die Komprimierung tritt dabei in doppelter Hinsicht auf. Alleine die Makrodefinition reduziert den Umfang normaler Syntaxzeilen dramatisch. Der Makroaufruf reduziert zusätzlich den Umfang des wiederholt angewandten Makros.

Während also „normale" Syntax bei wiederholter Anwendung zu jedem Zeitpunkt vollständig ausgeführt werden muss, wird das komprimierende Makro nur noch durch den Aufruf des Makronamens ausgeführt. Nur noch der Aufruf des ursprünglich vergebenen Makronamens (z.B. !FREQ1, siehe unten) ist zur Ausführung des Makros und der enthaltenen Befehle (z.B. der Prozedur DESCRIPTIVES) notwendig. Ein Makro ähnelt somit einer „Funktion": Sobald das Makro programmiert ist, kann es aufgerufen werden und selbstständig ablaufen. Makros benötigen also zu ihrer Ausführung keine weiteren Befehle, um ihre Aufgaben abarbeiten zu können.

Am o.a. Beispiel sollen abschließend der Aufbau und die Elemente eines Makros und seines Aufrufs zusammengefasst werden.

Makrostruktur	Bedeutung bzw. Funktion
DEFINE !freq1 ( ).	→ Anfang der Makrodefinition mit Name „!FREQ2" und Argument „()".
descriptives var = alter fameink.	→ Makroinhalt.
!ENDDEFINE.	→ Ende der Makrodefinition.
!freq1.	→ Makroaufruf.

9.3. Was können Makros? – Teil 1

Erste Beispiele für Makros (z.B. Automatisierung von Prozeduren)

Im Folgenden werden erste einfache Beispiele für die unkomplizierte Automatisierung von Prozeduren vorgestellt. Diese Beispiele dienen nur der Veranschaulichung, z.B. auch der immer gleichen Abfolge DEFINE – Makroname – Klammerausdruck – Makrokörper – !ENDDEFINE – Makroaufruf; die technischen Details, z.B. die Varianten des jeweils ausgefüllten Klammerausdrucks, werden in 9.4. erläutert.

Automatisierung der Anforderung von Analysen, z.B. Varianzanalysen

```
*************************************************************************
*  Anwendungsbeispiel: Automatisierung von Analysen                   *.
*************************************************************************
 DEFINE !USNOVA  (AV = !TOKENS(1) /
                  UV1 = !TOKENS(1)).
 anova variables = !AV by !UV1.
 !ENDDEFINE.

 !USNOVA AV = einkom91 UV1 = geschl(1,2).
 !USNOVA AV = alter     UV1 = geschl(1,2).
 !USNOVA AV = alterhei  UV1 = geschl(1,2).
 etc.
*************************************************************************
```

In diesem Beispiel wurde die Anforderung einer einfachen ANOVA als Makro !USNOVA definiert. Wichtig ist in der Klammer die allgemeine Festlegung der Platzhalter für die abhängigen und unabhängigen Variablen. Im Beispiel wurde nur eine UV (!UV1) und eine AV (!AV) festgelegt; wie später zu sehen sein wird, können durchaus weitere definiert werden. Im Makrokörper wird das einfaktorielle ANOVA-Modell festgelegt. Das vordefinierte Makro wird anschließend in drei verschiedenen Varianten angefordert. Beim jeweiligen Makroaufruf (z.B. „!USNOVA AV = einkom91 UV1 = geschl(1,2).") werden nun die gewünschten Variablen den Platzhaltern zugeordnet, wobei bei der unabhängigen Variablen nur noch die Faktorstufen angegeben werden müssen. Zur schemaartigen Analyse von Daten sei bereits an dieser Stelle auf die Hinweise unter 9.7.6. verwiesen.

Automatisierung der Anforderung von Grafiken, z.B. Streudiagramme

```
***************************************************************************
*  Anwendungsbeispiel: Automatisierung von Diagrammen                 *.
***************************************************************************
   DEFINE !USGRAF (VAR1 = !TOKENS(1)/
                   VAR2 = !TOKENS (1)).
    GRAPH
    /SCATTERPLOT(BIVAR)= !Var1  !Var2 .
    !ENDDEFINE.

   !USGRAF einkom91 with alter.
   !USGRAF alterhei   with alter.
   !USGRAF alterhei   with einkom91.
   etc.
***************************************************************************.
```

In diesem Beispiel werden bivariate Streudiagramme angefordert. Nach der Definition des Makros !USGRAF werden nach dem ersten Aufruf des Makros die beiden Variablen EINKOM91 und ALTER an die Stellen der Platzhalter !VAR1 und !VAR2 gesetzt und in einem Streudiagramm abgetragen. Die beiden anderen Makroaufrufe folgen genau derselben Logik (nur mit anderen Variablen) und könnten bereits an dieser Stelle selbsterklärend sein.

Automatisierung der Anforderung von Maßen, z.B. Korrelationen

```
****************************************************************************
*  Anwendungsbeispiel: Automatisierung von Maßen                        *
****************************************************************************
   DEFINE !KORREL ().
   CORRELATIONS.
   !ENDDEFINE.

   !KORREL einkom91 alter.
   !KORREL einkom91 alterhei .
   !KORREL einkom91 alterhei rap.
   !KORREL einkom91 alterhei klassik TO rap.
   etc.
****************************************************************************
```

Ein weiteres einfaches Makro ist !KORREL zur Ausgabe von Korrelationen. Nach der Makrodefinition müssen lediglich die miteinander in Beziehung zu setzenden (metrisch skalierten) Variablen zugewiesen werden.
Wie dieses Beispiel zeigt, können Makroaufrufe auch variiert und hier z.B.
über die TO-Option ergänzt werden.

**Automatisierung der Anforderung von Tabellen,
z.B. Kreuztabellen**

```
****************************************************************************
*  Anwendungsbeispiel: Automatisierung von Kreuztabellen               *
****************************************************************************
   DEFINE TABX (KEY1 = !TOKENS(1) / KEY2 = !TOKENS(1)).
   CROSSTABS TABLES !KEY2 BY !KEY1
   /FORMAT=AVALUE TABLES
   /STATISTICS=CHISQ
   /CELLS=COUNT COLUMN.
   !ENDDEFINE.

   TABX KEY1 = klassik   KEY2 = rap.
   TABX KEY1 = hvymetal  KEY2 = rap.
   TABX KEY1 = jazz      KEY2 = rap.
   TABX KEY1 = opern     KEY2 = rap.
   etc.
****************************************************************************
```

Mit dem Makro TABX werden Kreuztabellen einschl. eines Chi^2-Tests angefordert. Durch die Argumente !KEY1 und !KEY2 wird die Anzahl und
Reihenfolge der Variablen festgelegt, die im abschließenden Makroaufruf
nach dem Ersetzen der Platzhalter mit den interessierenden Variablen ausgeführt werden. Anhand des ersten Makroaufrufs für die Variablen RAP

und KLASSIK soll z.B. geprüft werden, ob jemand, der gerne Rap hört, auch gerne klassische Musik hört. Die weiteren Makroaufrufe fordern Kreuztabellen für andere Fragestellungen zu Rap an.

An dieser Stelle kann vielleicht bereits auf eine Besonderheit von Argumentnamen hingewiesen werden; bei der Makrodefinition werden Argumentnamen ohne Ausrufezeichen (z.B. KEY1), im Makrokörper mit Ausrufezeichen (z.B. !KEY1) und im Makroaufruf wieder ohne Ausrufezeichen geschrieben (z.B. KEY1).

9.4. Aufbau und Ablauf eines Makros

In diesem Abschnitt sollen nun Aufbau und Ablauf eines Makros erläutert werden. Aus didaktischen Gründen wird die Darstellung ein wenig von der SPSS-Dokumentation abweichen. Ein Makroprogramm besteht aus drei Teilen: Makrodefinition, Makrokörper und Makroaufruf. Der Ablauf eines (bereits geschriebenen) Makros besteht ebenfalls aus drei Phasen: Makroaufruf, „Übersetzung" und Makroexpansion. Eine grafische Ansicht soll an dieser Stelle Aufbau und Ablauf eines einfachen Makros visualisieren.

Die Grafik ist so zu interpretieren, dass der Makrokörper in der Makrodefinition enthalten ist. Bei der Makroprogrammierung ist ein Anwender für die Makrodefinition, seinen Inhalt (Makrokörper), wie auch den Aufruf

des Makros verantwortlich. Die „Übersetzung" des Makros in „normale"
Syntax, die Ausführung, wie auch Makroexpansion übernimmt SPSS.

9.4.1. Makrodefinition und Makrokörper

Makrodefinition und Makrokörper gehören zusammen. Die Makrodefinition signalisiert SPSS Anfang (DEFINE) und Ende (!ENDDEFINE) des
Makros. Zwischen diesen beiden Befehlen findet sich der Inhalt des Makros, der Makrokörper.

```
************************************************************************
*  Einfaches Makro ohne Argumente                                     *
************************************************************************
   DEFINE !freq1 ( ).
   frequencies var = famstand ausbild abschlus
   /barchart.
   !ENDDEFINE.

   !freq1.
************************************************************************
```

Durch die Befehle DEFINE-!ENDDEFINE wird der Rahmen des Makros
definiert. Die Angabe beider Befehle ist zwingend. Unmittelbar nach
DEFINE folgt der Makroname, z.B. „!FREQ1". Die Vergabe eines Na-
mens ist zwingend notwendig, damit das definierte Makro später überhaupt aufgerufen werden kann. Empfehlenswert ist die Benutzung eines
Ausrufezeichens vor dem Makronamen. Der Grund dafür ist eine Verwechslungsgefahr mit eventuell gleichlautenden Variablen, Syntaxbefeh-
len oder sonstigen Textstellen.
   Direkt nach dem Makronamen muss ein Klammerpaar angegeben werden. Das Klammerpaar kann auch leer bleiben. Die Angabe dieses Klam-
merpaares ist jedoch zwingend notwendig. Das Klammerpaar enthält Optionen in Gestalt sog. „Argumente". Argumente bestimmen, in welcher
Weise dem Makroinhalt „Werte" (also z.B. Variablennamen, Werte usw.)
übergeben werden sollen, z.B. für welche Variablen oder Werte der Makroinhalt ausgeführt werden soll. Grundsätzlich müssen Argumente immer
in Klammern stehen; wenn keine Argumente angegeben werden, bleibt die
Klammer leer (dies ist z.B. dann möglich, wenn der Makroname als Variablennamen im Datensatz selbst existiert). Argumentnamen werden je nach
Stelle im Makroprogramm verschieden geschrieben, bei der Makrodefinition ohne Ausrufezeichen (z.B. KEY1), im Makrokörper mit Ausrufezeichen (z.B. !KEY1) und im Makroaufruf wieder ohne Ausrufezeichen (z.B.

KEY1). Argumentnamen dürfen nicht länger als sieben Zeichen sein und müssen sich von den Zeichenfolgen für Makrooptionen unterscheiden.

Der Makrokörper umfasst den eigentlichen Inhalt des Makros bzw. den konkreten Zweck, für den es eingesetzt werden soll. Der Makrokörper wird von der Makrodefinition DEFINE-!ENDDEFINE umschlossen und kann normale Syntax oder spezielle Makrobefehle enthalten, wie z.B. Funktionen zum Umgang mit Stringvariablen, für Bedingungen oder auch Schleifen. Im obigen Beispiel handelt es sich beim Makrokörper um die Anforderung einer Häufigkeitsanalyse einschl. einem Balkendiagramm für die Variablen famstand, ausbild und abschlus.

Nach dem Inhalt des Makros (Makrokörper) schließt der !ENDDEFINE-Befehl das Makro ab. Wichtig ist das vorangestellte Ausrufezeichen. An dieser Stelle ist das Makro bereits definiert, steht in der laufenden SPSS-Sitzung zur Verfügung und kann bei Bedarf beliebig oft aufgerufen werden. Im Makrokörper ist übrigens der DEFINE-Befehl nicht erlaubt; ebensowenig können Daten mit dem BEGIN DATA-END DATA-Befehl definiert werden.

9.4.2. Makroaufruf und Makroexpansion

Makroaufruf und Makroexpansion gehören ebenfalls zusammen. Die Ausführung des Makros wird mittels des Makroaufrufes gestartet, der die sog. Makroexpansion zur Folge hat. Ein Makro kann nur dann aufgerufen werden, wenn es zuvor erfolgreich definiert wurde. Die Art und Weise des Makroaufrufs hängt vom Inhalt des Klammerausdrucks, genauer: Art und Anzahl der Argumente ab. Wurden keine Argumente definiert (z.B. leere Klammer in der DEFINE-Zeile), genügt der Makroname für einen Makroaufruf, z.B. „!freq1". Bei Makros, in denen positionale oder andere Argumente definiert wurden, müssen diese auch im Aufruf angegeben werden. Für weitere Varianten des Aufrufs von Makros für positionale bzw. Schlüsselwortargumente wird auf das Kapitel 9.6. verwiesen.

Mit dem Makroaufruf wird die Makroexpansion initiiert. Beim Makroaufruf werden die angegebenen Token (z.B. Variablen) in den Makrokörper eingelesen. Dieser Schritt wird so lange wiederholt, bis alle Argumente abgearbeitet wurden. Die anschließende Makroexpansion bewirkt, dass der Makroinhalt in „normale" Syntax übersetzt und ausgeführt wird. Die Art und Weise der Makroexpansion wird übrigens im Log ausgegeben, für Beispiele für die „Übersetzung" von Makros in normale SPSS-Syntax vgl. 9.5.4. und 9.6.4. In dem Beispiel bewirkt der Makroaufruf, dass immer, wenn der Name des Makros „!freq1" auftaucht, die Häufigkeiten und Balkendiagramme für die Variablen famstand, ausbild und abschlus ausgeben werden.

Für Makros mit ausgefüllten Klammern, also z.B. positionalen oder Schlüsselwortargumenten gilt: Der Makroaufruf muss zum Makro passen. Die Art, Anzahl und Reihenfolge der Token (z.B. Variablen) im Aufruf muss auf die Syntax des Makros abgestimmt sein. Weichen Makroaufruf und Makrodefinition voneinander ab, kann die Expansion nicht korrekt erfolgen. SPSS reagiert hier unterschiedlich; es passiert gar nichts oder eine Warnmeldung bzw. ein Fehlerhinweis werden ausgegeben.

```
******************************************************************************.
*  Ein weiteres Beispiel für ein einfaches Makro ohne Argumente        *.
******************************************************************************.
   DEFINE !varlist ()
   alterhei geschl
   !ENDDEFINE.

   DESCRIPTIVES VARIABLES= !varlist .
   MEANS VARIABLES= !varlist .
   CORRELATIONS /VARIABLES=!varlist .
   EXAMINE VARIABLES=!varlist  .
******************************************************************.
```

In diesem Beispiel wird zwischen dem Befehlspaar DEFINE-!ENDDEFINE ein Makro mit dem Namen !VARLIST erzeugt. Jedes Mal, wenn !VARLIST in der Syntax erscheint, wird im Makrokörper dieser Ausdruck durch die Variablenliste mit den Namen ALTERHEI und GESCHL.

!VARLIST wird im DESCRIPTIVES-Syntaxbefehl durch die zuvor im Makro definierten Variablen ersetzt, um dafür anschließend die angeforderte Statistik auszuführen:

Deskriptive Statistik

	N	Minimum	Maximum	Mittelwert	Standardab weichung
Alter bei erster Ehe	1202	13	58	22,79	5,033
Geschlecht	1500	1	2	1,57	,495
Gültige Werte (Listenweise)	1202				

Dieser Ablauf gilt auch für die Anforderung von !VARLIST über MEANS, CORRELATION und EXAMINE. Da dieses Makro mit Variablenlisten arbeitet, ist es nicht für SPSS-Syntax geeignet, in der z.B. nur eine Variable angegeben werden kann, z.B. GRAPH / PIE.

Das folgende Beispiel basiert auf der Kombination zweier Makros.

```
********************************************************************************
*  Einfaches Beispiel für zwei kombinierte Makros                             *.
********************************************************************************

   DEFINE !varlist ()
   kinder pille
   !ENDDEFINE.

   DEFINE !descrip ()

   DESCRIPTIVES
   VARIABLES= !varlist
   !ENDDEFINE.

   !DESCRIP.
   select if (ALTER < 28).
   exe.
   !DESCRIP.
********************************************************************************.
```

Das erste Makro !VARLIST ist dasselbe wie im vorangegangen Makrobeispiel. Das zweite Makro !DESCRIP greift nun im DESCRIPTIVES-Befehl auf den durch das erste Makro definierten Platzhalter !VARLIST zu. Nach der Definition beider Makros und dem abschließenden Aufruf von !DESCRIP läuft nun folgendes ab. In Makrokörper von !DESCRIP wird in DESCRIPTIVES VARIABLES= anstelle des Makros !VARLIST eine Variablenliste eingesetzt und im Anschluss für die Variablen KINDER und PILLE mittels des DESCRIPTIVES-Befehls die deskriptive Statistik angefordert. Nach einem SELECT IF-Schritt wird !DESCRIP für eine Datenuntermenge ausgeführt.

Vor der Filterung

Deskriptive Statistik

	N	Minimum	Maximum	Mittelwert	Standardab weichung
Anzahl Kinder	1495	0	8	1,85	1,682
Verhütung bei Teenagern 14-16	974	1	4	2,34	1,067
Gültige Werte (Listenweise)	973				

Nach der Filterung

Deskriptive Statistik

	N	Minimum	Maximum	Mittelwert	Standardab weichung
Anzahl Kinder	207	0	4	,48	,817
Verhütung bei Teenagern 14-16	142	1	4	2,07	1,070
Gültige Werte (Listenweise)	142				

Diese recht einfache, aber effiziente Technik der Kombination zweier Makros (ein Makro für eine Variablenliste, ein Makro für eine Anwendung) lässt sich unkompliziert auf weitere SPSS-Anwendungen übertragen. Das Platzsparende kann man sich z.B. daran veranschaulichen, dass der zweimalige Aufruf von !DESCRIP nur zwei Zeilen umfasst, der eigentliche Inhalt der Makros jedoch insgesamt vierzehn Zeilen; je also öfter eine solche Anwendung eingesetzt wird, umso größer ist die Zeit- und Platzersparnis.

Obwohl bisher nur einige wenige grundlegende Aspekte und Elemente der Makroprogrammierung erläutert wurden, haben Sie vielleicht schon einen ersten Einblick in die Vielfalt und Mächtigkeit der Makroprogrammierung bekommen. Dieser Einstieg in die Makroprogrammierung wird im Folgenden weiter verfeinert und vertieft.

9.5. Was können Makros? – Teil 2

Wertzuweisungen, Stringfunktionen, Bedingungen und Schleifen

Dieser Abschnitt wird die praktische Relevanz der Makroprogrammierung verdeutlichen. Nachdem bisher recht einfache Beispiele gewählt wurden, die sich auf das Einbeziehen von Variablen mittels Platzhaltern bezogen und die zumeist über das Einfügen der Syntax in den Makrokörper erzeugt werden konnten, sollen nun weitere Anwendungsmöglichkeiten erläutert werden. Dazu zählen das direkte Übergeben von Werten an Makrovariablen (9.5.1.), zahlreiche Funktionen für Strings (9.5.2.), Bedingungen (z.B. das Ausführen eines Befehles nur unter bestimmten Bedingungen bzw. Voraussetzungen mittels !IF-, !THEN und !IFEND) (9.5.3.) und Schleifen bzw. Loops, mit deren Hilfe sich wiederkehrende Aufgaben automatisiert abarbeiten lassen. Unter 9.5.4. werden z.B. die Varianten des Index-Loops und eines listenweise arbeitenden Loops vorgestellt.

9.5.1. Direktes Übergeben von Werten an Makrovariablen (!LET)

Eine erste, einfache Anwendungsmöglichkeit ist das direkte Übergeben von Werten an Makrovariablen. Denkbare Anwendungen für Werte sind z.B. Referenz- oder Filterwerte. Der Ausdruck in der Form „!LET !MVAR=Wert." muss dabei innerhalb des Makrokörpers angegeben werden. Im Makro KORR2 wird z.B. der Wert 45 direkt an die Makrovariable !LIMIT übergeben. Mittels !LIMIT wird die Datengrundlage auf alle Personen über 45 Jahre eingeschränkt. Anschließend wird die Berechnung der Korrelation zwischen einkom91 und alter auf der Grundlage dieser Filterung vorgenommen.

```
DEFINE !KORR2 (KEY = !TOKENS (1)).
GET
  FILE='C:\SPSS\1993 US Sozialerhebung (Teilmenge).sav'.
!LET !LIMIT=45.
SELECT IF ALTER > !LIMIT.
CORRELATIONS.
!ENDDEFINE.

!KORR2 einkom91 alter.
```

Um zu gewährleisten, dass vor dem eigentlichen Filter immer die korrekten Ausgangsdaten bereitstehen, wird im Makrokörper auch ein automatischer Datensatzzugriff (GET FILE=…) definiert.

Dieses Beispiel wird bei den Schleifen nochmals aufgenommen.

Im nächsten Beispiel werden über zwei separate !LET-Anweisungen zwei Werte direkt an das Makro !SUM1 übergeben. Das Ergebnis der compute-Anweisung wird sein, dass im geöffneten Datensatz eine Variable y mit dem Wert 90 angelegt ist.

```
DEFINE !SUM1 ().
GET
  FILE='C:\SPSS\1993 US Sozialerhebung (Teilmenge).sav'.
!LET !LIMIT1=45.
!LET !LIMIT2=45.
compute y=sum(!LIMIT1,!LIMIT2).
exe.
!ENDDEFINE.
!SUM1 .
```

Die folgende Variante übergibt ebenfalls Werte direkt an ein Makro; in dieser Variante jedoch über separate !TOKENS-Anweisungen.

```
DEFINE !SUM (LIMIT1=!TOKENS(1)
```

```
            /LIMIT2=!TOKENS(1)).
GET
   FILE='C:\SPSS\1993 US Sozialerhebung (Teilmenge).sav'.
   compute y=sum(!LIMIT1, !LIMIT2).
   exe.
   !ENDDEFINE.
   !SUM limit1=45 limit2=45.
```

Auch hier ist das Ergebnis, dass im geöffneten Datensatz eine Variable y mit dem Wert 90 angelegt ist.

9.5.2. Stringfunktionen und ihre Variationsmöglichkeiten

Eine weiterer großer Anwendungsbereich, in dem Makros sinnvoll eingesetzt werden können, sind Funktionen für den Umgang mit Strings. Diese Stringfunktionen verarbeiten einen oder auch mehrere Strings unterschiedlicher Länge. Stringfunktionen können zur Erzeugung neuer Strings hilfreich sein, z.B. durch Zusammenfügen von Teilstrings, Aufteilen eines Strings oder auch zur Rückmeldung von Informationen in numerischer Form. Das Ergebnis aller Stringfunktionen ist jedoch selbst wiederum ein String; numerische Ergebnisse (z.B. bei !INDEX) sind also keine Zahlen, sondern Zeichen. Die an die Stringfunktion übergebenen Strings müssen entweder einzelne Tokens oder z.B. durch Hochkommas voneinander getrennt sein. Als Argumente für Stringfunktionen können Strings, Variablen oder auch Makros (anstelle eines Strings) übergeben werden.

Die folgende Tabelle gibt eine Übersicht der Ausdrücke für Stringfunktionen und ihre Rückmeldungen bzw. Ergebnisse wieder. In der linken Spalte der Tabelle stehen die jeweiligen Stringfunktionen mit ihrem Ausdruck, in der rechten Spalte werden die dazugehörige Rückmeldung bzw. Ergebnisse erläutert.

Syntax für Strings	Funktion, Rückmeldung und Beispiel.
!LENGTH(String)	Länge des angegebenen Strings. Beispiel: „!LENGTH(HELLO)“. Ergebnis: 5.
!CONCAT(String1, String2,...)	Aneinanderkettung der zusammenzuführenden Strings. Beispiel: „!CONCAT(HEL, LO)“. Ergebnis: HELLO.
!SUBSTR(String, FROM, [Länge])	Abschnitt des Strings, der ab FROM startet und bei nicht festgelegter Länge bis zum Stringende geht. Beispiel: „!SUBSTR(HELLO, 3)“. Ergebnis: LLO.
!INDEX (Heuhaufen, Nadel)	Meldet die Position der ersten „Nadel“ im „Heuhaufen“ zurück. Beispiel: „!INDEX(HELLO, LL)“. Ergebnis: 3.
!HEAD(String)	Gibt das erste Zeichen innerhalb eines Strings an (vgl. !TAIL). Beispiel: „!HEAD(“H E L L O“)“. Ergebnis: H.
!TAIL(String)	Gibt alle Zeichen außer des ersten an (vgl. !HEAD). Beispiel: „!TAIL(“H E L L O“)“. Ergebnis: E L L O.
!QUOTE(String)	Das Argument wird in Anführungszeichen gesetzt (vgl. !UNQUOTE). Beispiel: „!QUOTE(HELLO)“. Ergebnis: “HELLO“.
!UNQUOTE (String)	Entfernt Anführungszeichen vom Argument (vgl. !QUOTE). Beispiel: „!UNQUOTE(“HELLO“)“. Ergebnis: HELLO.
!UPCASE(String)	Alle kleingeschriebenen Buchstaben werden groß geschrieben. Beispiel: „!UPCASE(hello)“. Ergebnis: HELLO. Eine Makrofunktion für Kleinschreibung gibt es derzeit nicht.
!BLANKS(Zahl)	Erzeugt einen String mit der gewünschten Anzahl von Leerzeichen. Beispiel: „!BLANKS(3)“. Ergebnis: [ ], ohne Klammern.
!EVAL(String)	Durchsucht das Argument nach Makroaufrufen. Beispiel: „!EVAL(hello)“. Ergebnis: Ist hello ein Makro, meldet !EVAL(hello) die Makroexpansion von hello. Ist hello kein Makro, meldet !EVAL(hello) nur hello.
!NULL	Erzeugt einen String der Länge = 0.

Die Wirkweise dieser Stringfunktionen für Makros entspricht der „normaler" Syntax. Beispiele für z.B. CONCAT (z.B. 3.2.7., 3.4. oder 6.4.), INDEX (z.B. 7.1. oder 7.2.) oder SUBSTR (z.B. 3.4., 4.2.6. oder 6.4.) können anderen Kapiteln dieses Buches bzw. einer separaten Veröffentlichung des Autors, wie auch Levesque (2003) entnommen werden. Eine Anwendung von !CONCAT als Index-Loop findet sich im Abschnitt 9.5.3. Ein Einsatz von !NULL wird bei den Bedingungen (konditionale Prozesse und Anweisungen) unter 9.5.2. vorgestellt. Eine Anwendung für !QUOTE ist z.B. die automatisierte Öffnung und Speicherung eines Datensatzes.

```
**************************************************************************************.
*  Stringfunktionen, z.B. !QUOTE (Öffnen / Speichern eines Datensatzes)         *.
**************************************************************************************.


DEFINE !DATEN (PFAD = !charend('/')).
GET FILE = !QUOTE (!PFAD) .
!ENDDEFINE.

!DATEN PFAD = C:\SPSS\1993 US Sozialerhebung (Teilmenge).sav / .

DEFINE !DATEN (PFAD = !charend('/')).
SAVE OUTFILE = !QUOTE (!PFAD) .
!ENDDEFINE.

!DATEN PFAD = C:\SPSS\1993 US Sozialerhebung (Teilmenge) bearbeitet.sav / .
**************************************************************************************.
```

Die Makrokörper enthalten die Befehle „GET FILE" bzw. „SAVE OUTFILE", die in SPSS for Windows dem Öffnen bzw. Speichern von Datendateien dienen. In der Makroform sind diese Befehle so allgemein gehalten, dass keine feste Bindung an einen bestimmten Datensatz gegeben ist. Erst durch den Makroaufruf erfolgt die Spezifizierung. Die notwendigen Hochkommatas werden durch den Befehl !QUOTE übergeben, damit die Befehle in einer gültigen Form ausgeführt werden können. Diese Makros gewährleisten einen flexiblen Umgang mit verschiedenen Datensätzen.

9.5.3. Bedingungen (Konditionale Prozesse und Anweisungen)

Um ausgewählte, bestimmte Prozesse nur dann auszuführen, wenn es tatsächlich notwendig ist, also unter bestimmten Bedingungen bzw. Voraussetzungen, bedient man sich der !IF-, !THEN und !IFEND-Befehlszeilen innerhalb eines Makros, wobei die Angabe aller drei Bestandteile zwingend notwendig ist und optional um !ELSE ergänzt werden kann.

Die allgemeine Syntax entspricht der Struktur

```
!IF (Ausdruck)  !THEN Befehle1
                    !ELSE Befehle2
!IFEND
```

Wenn also das Ergebnis des Ausdruckes nach dem !IF-Befehl gültig („logisch wahr") ist, werden eine oder mehrere Anweisungen („Befehle1") nach dem !THEN-Befehl ausgeführt. Ist das Ergebnis des Ausdruckes nach dem !IF-Befehl nicht gültig („logisch unwahr"), wird das Programm einfach fortgesetzt oder, falls ein !ELSE festgelegt wurde, werden die danach angegebenen „Befehle2" ausgeführt. Gültige Operatoren sind die üblichen bekannten relationalen Operatoren, wie u.a. !NE, !EQ, !GE, !OR, !NOT, >, < usw., sowie deren Reihenfolge. Während der Makroexpansion werden an den entsprechenden Stellen die konditionalen Bedingungen eingelesen, nach dem Argument interpretiert, sowie ersetzt und ausgeführt.

Das Makro !KOND1 enthält z.B. eine !IF-Bedingung. Diese !IF-Bedingung wird mit einem voreingestellten Wert für GESCHL, z.B. 1, abgeglichen (vgl. auch die Spezifikation des Wertes unter „!DEFAULT"). Entspricht das Ergebnis des Ausdruckes nach dem !IF-Befehl (SPSS-intern wird eine 1 ausgegeben) dem voreingestellten Wert für „logisch wahr", dann wird die Anwendung FREQUENCIES für GESCHL ausgeführt.

```
**********************************************************************.
*   Konditionale Prozesse  1 ( Option !DEFAULT)                    *.
**********************************************************************.
```

```
!IF=Variante   mit   !DEFAULT=1   und      !IF=Variante   mit   !DEFAULT=0   und
!GESCHL=1                                   !GESCHL=1
define KOND1(GESCHL = !default(1)          define KOND2(GESCHL = !default(0)
                      !tokens(1))                                !tokens(1))
!if (!GESCHL = 1)!then                      !if (!GESCHL = 1)!then
frequencies GESCHL.                         frequencies GESCHL.
!else                                       !else
descriptives ALTER.                         descriptives ALTER.
!ifend.                                     !ifend.
!enddefine.                                 !enddefine.
KOND1.                                      KOND2.
```

Geschlecht

		Häufigkeit	Prozent	Gültige Prozente	Kumulierte Prozente
Gültig	männlich	641	42,7	42,7	42,7
	weiblich	859	57,3	57,3	100,0
	Gesamt	1500	100,0	100,0	

Deskriptive Statistik

	N	Minimum	Maximum	Mittelwert	Standardab weichung
Alter	1495	18	89	46,23	17,418
Gültige Werte (Listenweise)	1495				

Entspricht jedoch wie im Makro !KOND2 das Ergebnis des Ausdruckes nach dem !IF-Befehl nicht dem Default (SPSS-intern: 1, voreingestellt: 0), so wird die Anwendung DESCRIPTIVES für ALTER ausgeführt.

Das nächste Makro stellt eine weitere Variante vor.

Das Makro !KOND3 soll für die beiden Variablen Familienstand und Geschlecht getrennte Häufigkeitstabellen ausgeben. Über !IF soll jeweils geprüft werden, dass für FAMSTAND tatsächlich Werte vorliegen (ungleich Null, was der Bedingung !NE !NULL entspricht).

```
*******************************************************************.
*  Konditionale Prozesse  2                                       *.
*******************************************************************.
   DEFINE  !KOND3 (key1 = !tokens(1)/
                   key2 = !tokens(1) ).
   !IF (key1 !NE !NULL) !THEN frequencies var = !KEY1 !KEY2.
   !IFEND
   !ENDDEFINE.

   !KOND3 key1 = famstand.
   !KOND3 key2 = geschl.
*******************************************************************.
```

Missings werden durch !NULL nicht aus der Analyse ausgeschlossen.

9.5.4. Schleifenkonstruktionen

Mittels Schleifenkonstruktionen (sog. Loops) lassen sich wiederkehrende Aufgaben wiederholt unmittelbar hintereinander ausführen. Dies kann beliebig oft geschehen, lediglich eine Überschneidung darf nicht stattfinden. Gegebenenfalls ist die Voreinstellung von SPSS zur Anzahl der möglichen Schleifen (vgl. 9.6.4.) zu berücksichtigen. Wenn ein Makro ausgeführt wird, interpretiert es nach einem Argument die Loop-Konstruktion an dieser Stelle, ersetzt das Argument und führt die entsprechende Funktion aus.

Zwei grundverschiedene Loop-Konstruktionen sind mittels Makroprogrammierung möglich, der Index-Loop und der List-Processing-Loop.

Index-Loop

Beim Index-Loop (DO-Loop) wird bei einem Zähler mit dem Wert „1" gestartet und im Allgemeinen in n +1-Schritten solange wiederholt bis ein bestimmter (Index-)Wert erreicht ist.

```
!DO !var = ANFANG !TO ENDE [ !BY SCHRITT]
 Befehle
 !BREAK
 !DOEND
```

Beim Index-Loop sind die Ausrufezeichen vor den zentralen Begriffen zu beachten, sowie der numerische Charakter der Ausdrücke ANFANG, ENDE und BREAK. Der Loop beginnt z.B. beim Anfangswert 1 und dauert bis zum Endwert, z.B. 60, es sei denn, er wird durch vorher festgelegte Schrittabstände (SCHRITT) geändert, etwa 3, dann erfolgt die Reihenfolge 1, 4, . . . , 55, 58. Mit dem optionalen !BREAK kann der Loop ebenfalls beendet werden.

```
******************************************************************.
*  Loop-Index                                                   *.
******************************************************************.
 DEFINE LOOPI1 (key1 = !TOKENS(1)
               /key2 = !TOKENS(1)).
 !DO !i = !KEY1 !TO !KEY2.
 compute !CONCAT (neu, !i, var) = normal (1).
 !DOEND.
 !ENDDEFINE.

 LOOPI1 key1 = 1 key2 = 6.
 exe.
******************************************************************.
```

Das Makro LOOPI1 hat zwei Namensargumente (key1 und key2) mit jeweils einem zugeordneten Zeichen. In der darauffolgenden Zeile beginnt die Loop-Konstruktion mit dem Befehl !DO, der Zuweisung des Indexes !i zu den Argumenten, die die Anzahl der Schleifen festlegen. In der nächsten Zeile werden (sechs) neue Zufallsvariablen mit Werten einer Normalverteilung erzeugt. Die Namen der Zufallsvariablen setzen sich aus dem String „neu", einem Wert für !i und dem String „var" zusammen. Der !CONCAT-Befehl fügt diese drei Teilstrings zusammen, z.B. zu „neu1var". Mit !DOEND wird der Loop beendet und mit !ENDDEFINE anschließend die Makrodefinition. Mit dem Makroaufruf erfolgt die Verknüpfung des Wertes 1 mit dem ersten Argument und des Wertes 6 mit dem zweiten Argument, sodass insgesamt sechs Loops stattfinden und somit ebensoviele Variablen erzeugt werden, wie man Dateneditor und Output entnehmen kann:

```
DEFINE LOOPI1 (key1 = !TOKENS(1)
650 M>  DEFINE
651 M>    LOOPI1 (key1 = !TOKENS(1)
                        /key2 = !TOKENS(1)).
652 M>    /key2 = !TOKENS(1)).
!DO !i = !KEY1 !TO !KEY2.
653 M>  !DO !i = !KEY1 !TO !KEY2.
compute !CONCAT (neu, !i, var) = normal (1).
654 M>  compute !CONCAT (neu, !i, var) = normal (1).
!DOEND.
655 M>  !DOEND.
!ENDDEFINE.
656 M>  !ENDDEFINE.
657 M>
LOOPI1 key1 = 1 key2 = 6.
658 M>
659 M>  .
660 M>
661 M>  COMPUTE NEU1VAR = NORMAL (1).
662 M>
663 M>  COMPUTE NEU2VAR = NORMAL (1).
664 M>
665 M>  COMPUTE NEU3VAR = NORMAL (1).
666 M>
667 M>  COMPUTE NEU4VAR = NORMAL (1).
668 M>
669 M>  COMPUTE NEU5VAR = NORMAL (1).
670 M>
671 M>  COMPUTE NEU6VAR = NORMAL (1).
672 M>  .
```

Die Zeilen 661 M bis 672 M veranschaulichen die „Übersetzung" des Makros !LOOPI1 in normale SPSS-Syntax, die sog. Makroexpansion.

List-Processing-Loop

Beim List-Processing-Loop (DO IN-Loop) wird eine Liste von Werten der Reihe nach abgearbeitet.

```
!DO !var  !IN (Liste)
    Befehle
!BREAK
!DOEND
```

Mittels der !DO- und !DOEND-Befehle werden Anfang und Ende des Loops festgelegt, der optional mittels eines !BREAK-Befehls verlassen werden kann. Die !IN-Funktion erfordert ein Argument in Gestalt einer Liste von Elementen, deren Anzahl wiederum die Anzahl der Iterationen bestimmt. Bei jeder Iteration wird die Indexvariable !VAR in Beziehung zum nächsten Element in der Liste gesetzt. Es kann nur so viele Iterationen wie Listenelemente geben; für jeden List-Processing-Loop kann es nur eine Liste geben.

Das folgende Makro führt nach dem Aufruf !LOOPI2 dreimal eine Korrelationsanalyse für die Variablen einkom91 und alter durch; einmal für alle über 30jährigen, ein weiteres mal für alle über 40jährigen und abschließend für alle über 50jährigen.

```
****************************************************************************
* List-Processing-Loop                                                    *
****************************************************************************
DEFINE !LOOPI2 (LISTE= !CHAREND ("/")
                /VARLIST=!CMDEND).
GET
  FILE='C:\SPSS\1993 US Sozialerhebung (Teilmenge).sav'.
!DO !wert !IN (!LISTE).
SELECT IF (ALTER > !wert).
CORRELATIONS
  /VARIABLES=!VARLIST
  /PRINT=TWOTAIL NOSIG
  /MISSING=PAIRWISE .
!DOEND.
!ENDDEFINE.

!LOOPI2 LISTE=30 40 50 / VARLIST=einkom91 alter.
****************************************************************************
```

Die benötigten Werte werden zunächst als !LISTE an das Makro übergeben. Anschließend wird das Makro über "!DO !wert !IN" angewiesen, die Elemente aus der Liste !LISTE an den Platzhalter „wert" zu setzen und die

Analyse so oft zu wiederholen, bis alle Elemente aus der Liste abgearbeitet sind. Im Beispiel werden also durch einen einmaligen Makroaufruf drei verschiedene Korrelationsanalysen initiiert.

9.6. Makrooptionen (Bezüge auf Namen, Bezüge auf Positionen und anderes)

In diesem Abschnitt werden verschiedene „technische" Aspekte und Optionen der Makroprogrammierung vorgestellt.

Die Klammer hinter dem Makronamen für die sog. Argumente blieb in den einführenden Beispielen leer. Ausgefüllte Klammern wurden in späteren Abschnitten nicht erläutert. An dieser Stelle sollen nun die verschiedenen Optionen erläutert werden, mit denen die Argumente festgelegt werden können, um zu einer angepassten, flexibleren, gesteuerten und somit modifizierenden Makroprogrammierung beizutragen. „Argumente" kann man sich am besten als Platzhalter vorstellen, die durch das entsprechende Einsetzen von Zuordnungen eine flexible Anpassung des Makros an Daten, Bedingungen oder Anwendungen erlauben. Zunächst wird wieder bei einem einfachen Beispiel begonnen; schrittweise kommt jeweils eine neue Option oder Variante hinzu.

SPSS bietet für die Makroprogrammierung zwei verschiedene Argumente. Schlüsselwortargumente beziehen sich auf Namen im Makro und werden daher im Folgenden der Einfachheit halber als Namensargumente bezeichnet. Während der Makrodefinition werden Namensargumenten Bezeichnungen zugewiesen, die im Makroaufruf wiederum anhand dieser Bezeichnung identifiziert werden. Namensargumenten können im Prinzip beliebige Bezeichnungen zugewiesen werden. Diese Einführung verwendet aus didaktischen Gründen standardmäßig die Bezeichnung !KEY. Positionale Argumente beziehen sich auf Positionen im Makro. Während der Makrodefinition werden positionale Argumente anhand der Bezeichnung POS! bzw. POSITIONAL! definiert. Während des Makroaufrufs werden positionale Argumente anhand ihrer relativen Position innerhalb der Makrodefinition identifiziert. Bei einer Makrodefinition können keine, mehrere und auch gemischte Argumente (z.B. !KEY und !POS gleichzeig) angegeben werden. Notwendig ist die Klammer und die Trennung durch „/" bei mehreren Argumenten.

Die weitere Darstellung wird bei den Namensargumenten beginnen. An ihnen lässt sich die Funktionsweise von Makros einfacher vermitteln.

9.6.1. Bezug auf Schlüsselworte (Namensargumente, !KEY)

Als erste Variante bietet SPSS den Bezug auf Schlüsselworte mit Schlüsselwort- bzw. Namensargumenten an. Schlüsselworte sind einfach Begriffe, wie z.B. !KEY, die gleichzeitig mit dem Aufruf eines Makros berücksichtigt werden sollen. Vereinfacht formuliert, sind Schlüsselworte lediglich Platzhalter für einen oder mehrere Variablennamen. Namensargumente sind unabhängig von relativen Positionen im Makro (vgl. dazu positionale Argumente). Namensargumenten können beliebige Bezeichnungen zugewiesen werden. Diese Einführung verwendet aus didaktischen Gründen standardmäßig die Bezeichnung !KEY; es können auch andere Bezeichnungen verwendet werden, z.B. !ARG, !NAME, !VAR usw. Wird in einem Makro also eine andere Bezeichnung als !POS verwendet, handelt es sich immer um ein Namensargument. Zunächst ein Beispiel, das in die Namensargumente einführen soll.

```
***********************************************************************.
*   Makro mit einem Namensargument (Bezug auf eine Variable)      *.
***********************************************************************.
    DEFINE  !MACRO1 (key1 = !tokens(1)).
    frequencies var = !KEY1
    /barchart.
    !ENDDEFINE.

    !MACRO1 key1 = famstand .
***********************************************************************.
```

Über DEFINE wird das Makro !MACRO1 definiert. Die Klammer enthält das Namensargument KEY1 und den Zugriff auf ein Token, hier z.B. eine Variable (FAMSTAND). Tokens repräsentieren „Zeichen" und werden später genauer erläutert. Nach dem Makroaufruf wird das Namensargument identifiziert, anhand KEY1 mit dem Inhalt (famstand) verknüpft und als Häufigkeitsbefehl ausgeführt. Das nächste Makro arbeitet mit zwei Namensargumenten.

```
***********************************************************************.
*   Makro mit zwei Namensargumenten (jew. Bezug auf eine Variable) *.
***********************************************************************.
    DEFINE  !MACRO2 (key1 = !tokens(1)/
                     key2 = !tokens(1) ).
    frequencies var = !KEY1 .
    descriptives var = !KEY2.
    !ENDDEFINE.

    !MACRO2 key1 = famstand key2 = ausbild .
***********************************************************************.
```

Über DEFINE wird das Makro !MACRO2 definiert. Die Klammer enthält zwei Namensargumente. Nach dem Makroaufruf wird KEY1 mit FAMSTAND und der Prozedur FREQUENCIES verknüpft und ausgeführt. KEY2 wird mit der Prozedur DESCRIPTIVES verknüpft und ausgeführt.

Das nächste Beispiel zeigt ein Makro, das auf zwei Zeichen (Variablen) zugreift.

```
***************************************************************************.
* Makros mit einem Namensargument (Bezug auf zwei Variablen)   *.
***************************************************************************.
DEFINE MACRO3 (key = !TOKENS(2)).
FREQUENCIES VARIABLES = !KEY .
!ENDDEFINE.
MACRO3 key = alterhei geschl.
***************************************************************************.
```

Über DEFINE wird das Makro !MACRO3 definiert. Das Namensargument KEY definiert zwei Tokens (Variablen). Nach dem Makroaufruf wird KEY mit dem Inhalt, alterhei und geschl, verknüpft und ausgeführt.
     Dieses Beispiel kann wie !MACRO2 um weitere Namensargumente und Anwendungen ergänzt werden. Das nächste Beispiel möchte andeuten, wie mehrere Makros miteinander kombiniert werden können.

Im folgenden Beispiel bezieht sich ein späteres Makro (!MACRO4) auf ein zuvor definiertes Makro (!VARLIST).

```
***************************************************************************.
* Bezug auf Argumente (kombiniertes Makro)                      *.
***************************************************************************.
DEFINE !varlist ( )
todesstr waffen religion
!ENDDEFINE.

DEFINE !MACRO4 (key = !CHAREND ('/')).
DESCRIPTIVES
VARIABLES=!KEY .
FREQUENCIES
VARIABLES=!KEY
/STATISTICS=MIN MAX.
!ENDDEFINE,

!MACRO4 key = !varlist /.
***************************************************************************.
```

Das erste Makro !VARLIST legt eine Variablenliste fest. Im zweiten Makro !MACRO4 wird in den Klammern ein Namensargument KEY festgelegt, das später durch das Makro !VARLIST für eine Variablenliste ersetzt werden wird, sobald das Makro aufgerufen wird. „KEY" wird hier nur aus didaktischen Gründen gewählt, es kann im Prinzip beliebige Namen annehmen. Nach dem Argument KEY folgt ein Gleichheitszeichen, dem eine von vier SPSS-Optionen folgt. Diese Optionen, !TOKENS(n), !CHAREND ('Zeichen'), !ENCLOSE ('Zeichen','Zeichen') und !CMDEND, werden ausführlich in Abschnitt 9.6.3. erläutert. Diese vier Möglichkeiten umfassen vordefinierte Funktionen, die in ihrem jeweiligen Kontext mit dem Argument verknüpft werden und einen gesteuerten Ablauf ermöglichen. In diesem Beispiel wird mit !CHAREND – gleichbedeutend mit characterend – das Ende der Argumentliste festgelegt, bis zu dem das Namensargument berücksichtigt werden soll.

Nach dem !ENDDEFINE-Befehl wird das !MACRO4-Makro (und damit auch das Argument !VARLIST) aufgerufen. Im !MACRO4-Makro wird !KEY durch die Variablenliste ersetzt. Diese Variablenliste wird bis zu ihrem Ende ('/.' als Ende der Argumentliste) abgearbeitet. Sobald !MACRO4 also auf das Makro !VARLIST zurückgreift, das die Variablenliste festlegt, werden im nächsten Schritt die Anwendungen DESCRIPTIVES und FREQUENCIES für die Variablen todesstr, waffen und religion ausgeführt. Der Output nach dem Ausführen des Makros enthält somit deskriptive Statistiken und separate Häufigkeitstabellen für die Variablen: todesstr (Befürworter oder Gegner der Todesstrafe für Mord), waffen (Befürworter oder Gegner für Waffenscheine) und religion (Religionszugehörigkeit). Stellvertretend wird hier die Häufigkeitstabelle für die Antworten zur Todesstrafe angegeben.

Befürworter oder Gegner der Todesstrafe für Mord

		Häufigkeit	Prozent	Gültige Prozente	Kumulierte Prozente
Gültig	Befürworter	1074	71,6	77,4	77,4
	Gegner	314	20,9	22,6	100,0
	Gesamt	1388	92,5	100,0	
Fehlend	weiß nicht	106	7,1		
	keine Angabe	6	,4		
	Gesamt	112	7,5		
Gesamt		1500	100,0		

9.6.2. Bezug auf Positionen (Positionsargumente, !POS)

Unter 9.6.1. wurden Argumente als Referenz auf Schlüsselworte, z.B.
!KEY, in der Makrodefinition angegeben, vgl. z.B. das Beispiel zu einem
Makro mit einem festem Argument. Positionale Argumente sind unabhängig von Bezeichnungen im Makro (vgl. dazu Namensargumente) und Be-
ziehungen sich auf Positionen in einem Makro. Positionsargumenten können nicht beliebige Bezeichnungen zugewiesen werden, sondern
ausschließlich die Bezeichnung !POS bzw. !POSITIONAL. Wird in einem
Makro also eine andere Bezeichnung als !POS verwendet, handelt es sich
immer um ein Namensargument. Die Bezeichnung !POS bzw.
!POSITIONAL ist für Positionsargumente reserviert und kann nicht für eine Definition für Namensargumente verwendet werden. Nach !POS steht
im Gegensatz zu Namensargumenten kein Gleichheitszeichen. Der zentrale Unterschied ist der Makroaufruf. Bei Namensargumenten erfolgt dieser
explizit über auch im Aufruf angegebene Namen. Bei Positionsargumenten
ist alleine die Position der Variablen im Aufruf ausschlaggebend. Positionsargumente müssen also in der Reihenfolge aufgerufen werden, in der
sie vergeben wurden; Namensargumente dagegen nicht. Zum Vergleich
zunächst ein Makro mit Namensargument.

```
**************************************************************************.
*  Vergleich: Makros mit Namensargument                                 *.
**************************************************************************.
   DEFINE macro1 (key1 = !TOKENS(1)/
               Key2 = !TOKENS(1)).
   MEANS VARIABLES = !KEY1 .
   FREQUENCIES VARIABLES = !KEY2 .
   !ENDDEFINE.
   macro1 key1 = alterhei key2 =geschl.
**************************************************************************.
```

Über DEFINE wird das Makro !MACRO1 definiert Die Klammer enthält
die Namensargumente KEY1 und KEY2. Nach dem Makroaufruf wird das
Namensargument anhand der Bezeichnungen identifiziert, separat mit den
beiden Variablen bzw. Prozeduren verknüpft und ausgeführt. Im Makroaufruf werden die Namensargumente explizit angegeben.

SPSS bietet als Alternative den Bezug auf die relative Position innerhalb
der Makrodefinition. Diese Vergehensweise wird gekennzeichnet mit
!POSITIONAL oder abgekürzt !POS. Für eine bessere Überschaubarkeit
ist empfehlenswert, in Makros die Positionen durchzunummerieren, z.B !1,
!2 usw. Nach !POS steht im Gegensatz zu !KEY kein Gleichheitszeichen.
Nach dem Makroaufruf werden die dazugehörigen Argumente durch die

(relative) Stellenangabe innerhalb des Makros identifiziert (im Gegensatz zu !MACRO1 nicht anhand von Namen) und entsprechend berücksichtigt. Das erste positionale Argument bezieht sich auf !1, im Makroaufruf also auf ALTER, das zweite auf !2, im Makroaufruf auf GESCHL.

```
*******************************************************************.
*  Vergleich: Makro mit positionalem Argument 1  (Reihenfolge A B)  *.
*******************************************************************.
    DEFINE macro2 (!POS !TOKENS(1)
                   /!POS !TOKENS(1)).
    MEANS VARIABLES = !1 .
    FREQUENCIES VARIABLES = !2 .
    !ENDDEFINE.
    macro2 alterhei geschl.
*******************************************************************.
```

Im Makroaufruf werden außer den Variablen keine weiteren Angaben gemacht. Bei Positionsargumenten ist also im Makroaufruf alleine die Position der Variablen ausschlaggebend. In MEANS bezieht sich !1 auf die erste Variable im Aufruf, also ALTER, !2 in FREQUENCIES auf GESCHL. Der Vorteil von Positionsargumenten ist also, dass die starre Zuordnung zu einem Variablennamen entfällt und somit eine gewisse Flexibilität, damit einhergehend allerdings auch ein gewisses Risiko gegeben ist.

Der Unterschied zwischen dem Bezug auf Positionen und Namen zeigt sich, wenn in einer dritten Makrovariante mit positionalen Argumenten die Reihenfolge der beiden Variablen ALTERHEI und GESCHL vertauscht wird. Im !MACRO3 wird für dieselben Anwendungen und Variablen nur die Reihenfolge der Variablen im Aufruf vertauscht.

```
*******************************************************************.
*  Vergleich: Makro mit positionalem Argument 2  (Reihenfolge B A)  *.
*******************************************************************.
    DEFINE macro3 (!POS !TOKENS(1)
                   /!POS !TOKENS(1)).
    MEANS VARIABLES = !1 .
    FREQUENCIES VARIABLES = !2 .
    !ENDDEFINE.
    macro3 geschl alterhei.
*******************************************************************.
```

In !MACRO3 bezieht sich das erste positionale Argument auf das !1 im Makrokörper, also GESCHL. Im Gegensatz dazu bezieht sich das !1 in !MACRO2 auf ALTERHEI. Bei KEY-Argumenten spielen solche Reihenfolgeeffekte keine Rolle.

Wie im allerersten Beispiel, mit dem festen Argument, können auch bei positionalen Argumenten mehrere separate Token-Angaben zu einer zusammengefasst werden, unter der Voraussetzung, dass in der Klammer die richtige Gesamtzahl der Token angegeben wird, hier z.B. 2. Nach Aufruf des Makros !MACRO4 werden z.B. die beiden Variablen alterhei und geschl als zwei Zeichen erkannt und zugeordnet.

```
*********************************************************************
* Vergleich: Makro mit positionalem Argument 3  (Reihenfolge A B)    *
*********************************************************************
    DEFINE !macro4 (!POS !TOKENS(2)).
    FREQUENCIES VARIABLES = !1 .
    !ENDDEFINE.
    !macro4 alterhei geschl .
*********************************************************************
```

!MACRO5 veranschaulicht im Vergleich zu !MACRO3 eine weitere vereinfachende Schreibweise von Makros. Durch „!*" können separate Argumente im Makrokörper zusammengefasst werden, um dann in der gewünschten Reihenfolge im aufgerufenen Makro !MACRO5 ausgeführt zu werden.

```
*********************************************************************
* Vergleich: Makro mit positionalem Argument 4  (Reihenfolge A B)    *
*********************************************************************
    DEFINE !macro5 (!POS !TOKENS(1)
                    /!POS !TOKENS(1)).
    FREQUENCIES VARIABLES = !* .
    !ENDDEFINE.
    !macro5 alterhei geschl .
*********************************************************************
```

Zusammenfassend ist es nach Ansicht des Verfassers „Geschmackssache", welche der beiden Varianten der Argumentzuweisung benutzt wird. Sowohl Argumente für Namen, wie auch Positionen ermöglichen es einerseits, Variablen in beliebiger Reihenfolge im Makroaufruf festzulegen, aber auch andererseits, über den Makroaufruf entweder über die Angaben von Namen oder auch die explizite Reihenfolge von Variablen bei Positionsargumenten eine gezielte und präzise Festlegung vorzugeben.

Auf jeden Fall sollte angedeutet werden, welche Vielfalt SPSS für die Makroprogrammierung zur Verfügung stellt. Der nächste Abschnitt stellt weitere Optionen für die Definition von Makros vor.

9.6.3. Weitere Optionen in der Makrodefinition (!TOKENS, !CHAREND, !ENCLOSE und CMDEND)

Die Optionen !TOKENS(Zahl), !CHAREND ('Zeichen'), !ENCLOSE ('Zeichen','Zeichen') und !CMDEND kamen in den vorangegangenen Beispielen bereits häufig vor. Ihre Funktionsweise soll nun etwas genauer erläutert werden. Das Gemeinsame all dieser Optionen ist, dass sie erlauben, ein oder mehrere 'Token' (syn. 'Zeichen') mit einem Argument zu verknüpfen. Eine der häufigsten Anwendungen war z.B. in den vorgestellten Makros die Zuweisung von Variablen(listen) zu Namens- oder Positionsargumenten. 'Token' ist ein recht allgemeiner Begriff und umfasst nicht nur Variablen, sondern auch Zahlen, Strings, Trennzeichen usw. (vgl. z.B. die Übersicht in 9.6.3.). Die im Folgenden vorgestellten Funktionen unterscheiden sich allerdings im Detail darin, wie Token den Argumenten zugewiesen werden können. Die Optionen können einzeln, aber auch in Kombination (z.B. in einer bestimmten Reihenfolge) angegeben werden. Für alle Optionen gilt, dass diese sowohl mit Positions-, wie auch Namensargumenten verwendet werden können.

Im Folgenden werden die Optionen !TOKENS(Zahl), !CHAREND ('Zeichen') und !ENCLOSE ('Zeichen','Zeichen') näher erläutert. SPSS bietet auch die Optionen !DEFAULT und !EXPAND an. Diese Optionen werden nicht weiter erläutert. Ein Beispiel zu !DEFAULT findet sich im Abschnitt 9.5.3.

!TOKENS (Zahl) – Listen durch n Listenelemente

Mit der Option !TOKENS werden die nächsten n Tokens im Makroaufruf dem Argument bzw. den Argumenten zugewiesen. Als Elemente zählen Variablen, Zahlen, Strings usw. (vgl. die u.a. Übersicht, nach Levesque, 2003). Bei !TOKENS sind das Ausrufezeichen und die Anzahl n in einer Klammer wichtig. n entspricht positiven ganzzahligen Werten. Die Option !TOKENS-Option ist also nützlich, wenn die Anzahl der Token bekannt und konstant ist. Bei der Festlegung der Anzahl der Token sind Besonderheiten bei der „Zählweise" von Token zu berücksichtigen.

Beschreibung	Beispiele	Anzahl Tokens und Erläuterungen
Variablenliste	Var1 Var2 Var3	3 (jeder Variablenname zählt als einzelnes Token)
Werteliste	2 5 5.22 0.05	4 (jede Zahl zählt als einzelnes Token)
Zeichenliste und Kommas	A , b	3 (ein Komma wird als separates Token gezählt; Groß-/Kleinschreibung ist unerheblich)

Anführungs- zeichen	„Alter . . ." 'cc 00 cd'	2 (Inhalte zwischen paarigen Anführ- rungszeichen bzw. Hochkommatas zählen als ein Token)
Zeichen- kombinationen	11A	2 (Zahl vor String)
	A11	1 (String vor Zahl)
	„11A"	1 (Inhalt zwischen Anführungszei- chen bzw. Hochkommatas, s.o.)

Im nachfolgenden Makro !freq3 wird nach dem Namensargument KEY, unmittelbar nach einem notwendigen =-Zeichen, die Option !tokens(5) an- gegeben. Während der Makroexpansion greift !freq3 auf die Vorgaben zu- rück, die durch dieses Argument festgelegt wurden, nämlich fünf Varia- blen bereitzustellen. Die Information „fünf Zeichen" wird daher mit der Zuweisung zur gleichen Anzahl an Variablen zum Argument im Makro- aufruf für die Häufigkeitsanalyse verknüpft.

```
***********************************************************************.
*  !KEY-Makro mit Namensargument – Option !TOKENS(Zahl)        *.
***********************************************************************.

DEFINE  !freq3 (key = !tokens (5) ).
frequencies var = !KEY
/barchart.
!ENDDEFINE.

!freq3 key = famstand ausbild abschlus alterhei geschl.
***********************************************************************.
```

Stimmen Token- und Variablenzahl nicht überein, gibt SPSS einen Warn- hinweis aus (vgl. 9.7.1.).

In einem weiteren Beispiel sollen nun zwei Argumente berücksichtigt werden. Man ahnt vielleicht schon die Power der Makroprogrammierung.

```
***********************************************************************.
*  !KEY-Makro mit zwei Namensargumenten – Option !TOKENS(Zahl)  *.
***********************************************************************.

DEFINE  !freq4 (key1 = !tokens(3)/
                key2 = !tokens(2) ).
frequencies var = !KEY1 !KEY2
/barchart.
!ENDDEFINE.

!freq4 key1 = famstand ausbild abschlus.
!freq4 key2 = alterhei geschl.
***********************************************************************.
```

Das erste Argument KEY1 bezieht sich mit drei Zeichen auf die drei Variablen famstand, ausbild und abschlus. Das zweite Argument KEY2 bezieht sich auf die beiden Variablen alterhei und geschl. Der Unterschied ist also hier, dass die Analyse getrennt nach den Variablengruppen vorgenommen wird.

Somit ist es möglich, durch eine entsprechende Erhöhung der Argumentzuweisung und den dazugehörigen Tokens (Zahl) für jede Variable eine separate Analyse anzufordern, die die jeweiligen Häufigkeitstabellen und Grafen zusammengehörig ausgibt, was v.a. bei hunderten oder tausenden von Variablen die Effizienz und Übersichtlichkeit des Outputs nachhaltig verbessern dürfte.

Natürlich ist mit TOKENS auch das Gegenteil möglich, das gezielte Einbeziehen vieler einzelner Variablen.

```
**********************************************************************.
*  !KEY-Makro mit vielen Namensargumenten – Option !TOKENS(Zahl)  *.
**********************************************************************.
    DEFINE  !freq5 (key1 = !tokens(1)/
                    key2 = !tokens(1)/
                    key3 = !tokens(1)/
                    key4 = !tokens(1)/
                    key5 = !tokens(1)).
    frequencies var = !KEY1 !KEY2 !KEY3 !KEY4 !KEY5
    /barchart.
    !ENDDEFINE.

    !freq5 key1 = famstand.
    !freq5 key2 = ausbild.
    !freq5 key3 = abschlus.
    !freq5 key4 = alterhei.
    !freq5 key5 =  geschl.
**********************************************************************.
```

Wie in den beiden vorangegangen Beispielen erfolgt nach dem Makroaufruf bei der Makroexpansion die Verknüpfung der Argumente mit dem Makrokörper und zwar entsprechend der Anzahl der Argumente. Genau fünfmal wird im Beispiel das Makro aufgerufen und ausgeführt.

Nach dem ersten Aufruf wird KEY1 (also Argument 1 für die erste interessierende Variable) das erste Token zugeordnet, hier z.B. für KEY1 famstand, für KEY2 ausbild usw. Für die weiteren Argumente und zugewiesenen Tokens gilt dieselbe Vorgehensweise.

Im Folgenden ein weiteres Beispiel unter Verwendung positionaler Argumente:

```
********************************************************************.
*  !POS-Makro mit zwei Positionsargumenten – Option !TOKENS(Zahl)  *.
********************************************************************.
   DEFINE  !freq6 (!Pos !tokens(3)/
                   !Pos !tokens(2))
   frequencies var = !1 !2
   /barchart.
   !ENDDEFINE.

   !freq6 famstand ausbild abschlus alterhei geschl.
********************************************************************.
```

Entscheidend ist hier also wieder die Position innerhalb des Makrokörpers und nicht mehr die unmittelbare Verknüpfung über einen Namen.

Wenn die Anzahl der Token weder nicht bekannt oder auch nicht konstant ist, bietet SPSS weitere Möglichkeiten, Token an Argumente zuzuweisen.

!CHAREND ('Zeichen') – Listen durch ein einzelnes Zeichen

Mittels !CHAREND werden alle Tokens bis zu einem explizit festzulegenden Zeichen in einem Makroaufruf dem Argument zugewiesen und ausgeführt. Bei diesem Zeichen muss es sich um ein einzelnes Zeichen (String mit der Länge 1) handeln, das zwischen Hochkommata und in Klammern steht. Im Prinzip kann jedes beliebige Zeichen als Trennzeichen eingesetzt werden. Die SPSS Command Syntax Reference (2004) verwendet z.B. einen sog. Slash '/', um eine Trennung zu signalisieren (vgl. auch das Beispiel unter 9.4.2, in dem das Endzeichen durch ein '/' festgelegt wurde). Dieser Slash hat also nichts mit dem Trennungszeichen zu tun, das zwischen zwei Argumentdefinitionen stehen muss; um eine Verwechslungsgefahr zu vermeiden, wird empfohlen, als Zeichen keinen Slash, sondern ein beliebiges anderes Zeichen anzugeben, z.B. „§". Bei !CHAREND-Trennungszeichen ist ihre richtige Position absolut entscheidend. Eine falsche Position führt dazu, dass Positions- oder auch Namensargumente beim Aufruf des Makros falsche Token-Zusammenstellungen an SPSS übergeben. !CHAREND-Optionen sind v.a. bei positionalen Argumenten nützlich, können jedoch auch bei Namensargumenten eingesetzt werden.

```
******************************************************************.
*  !KEY-Makro mit zwei Argumenten - Option !CHAREND('Zeichen')   *.
******************************************************************.
   DEFINE  !mixed1 (key1= !charend ('§') /
                    key2= !charend ('§') ).
   frequencies var = !key1.
   descriptives var = !key2.
   !ENDDEFINE.

   !mixed1  KEY1=famstand ausbild abschlus geschl § KEY2= alterhei §.
******************************************************************.
```

Dieses Makro entspricht einem Makro mit zwei Token-Angaben (4 und 1) und einem Makroaufruf zwar ohne Trennzeichen, aber dafür mit zwei KEY-Angaben. Im Folgen wird eine Variante mit positionalen Argumenten vorgestellt.

```
******************************************************************.
*  !POS-Makro mit zwei Argumenten – Option !CHAREND('Zeichen' ) *.
******************************************************************.
   DEFINE  !mixed1 (!Pos !charend ('§') /
                    !Pos !charend ('§') ).
   frequencies var = !1.
   descriptives var = !2.
   !ENDDEFINE.

   !mixed1  famstand ausbild abschlus geschl § alterhei §.
******************************************************************.
```

Mit dem DEFINE-Befehl wird zunächst der Makroname !MIXED1 festgelegt. Im unmittelbaren Anschluss daran folgen, durch einen Slash getrennt, zwei positionale Argumente in Klammern. Die beiden positionalen Argumente gelten jeweils bis zum Zeichenende, das mit dem Zeichen „§" in Hochkommatas und in Klammern unmittelbar nach der Option !CHAREND explizit festgelegt wird. Im Makrokörper werden mit FREQUENCIES und DESCRIPTIVES die gewünschten Prozeduren festgelegt und mit den beiden zuvor festgelegten Argumenten verknüpft. In der Folge werden für die erste positionale Zuordnung Häufigkeiten bis zum ersten vergebenen Trennungszeichen ausgegeben, bis zur zweiten Position deskriptive Statistiken. Der !ENDDEFINE-Befehl schließt die Makrodefinition ab. Mit dem Makroaufruf !MIXED1 werden die Variablen famstand, ausbild, abschlus und geschl durch das Zeichen „§" dem ersten Argument zugewiesen und alterhei dem zweiten Argument.

Der Vorteil von !CHAREND ist, dass im Vorfeld nicht bekannt sein muss, wie viele oder welche Variablen z.B. den einzelnen Positionen zugeordnet werden sollen. Somit ist eine größere Flexibilität in der Handhabung des Makros gegeben. Erst in der Zeile des Makroaufrufs werden die Variablen den geeigneten Statistiken zugewiesen, nämlich bis zum ersten Trennungszeichen nominale und ordinale Variablen und bis zum zweiten Trennungszeichen metrische Variablen. Wenn also eine weitere Variable in die Analyse aufgenommen werden soll, genügt es, diese in der Makroaufrufzeile an der entsprechenden Position einzusetzen und das Makro erneut aufzurufen (vgl. dazu das folgende Beispiel; es verwendet zstzl. andere Trennzeichen).

```
***********************************************************************************
*  !POS-Makro mit Positionsargumenten – Option !CHAREND('Zeichen')  *.
***********************************************************************************
   DEFINE  !mixed2 (!Pos !charend ('&') /
                    !Pos !charend ('&') ).
   frequencies var = !1.
   descriptives var = !2.
   !ENDDEFINE.

   !mixed2  famstand ausbild abschlus geschl & alterhei einkom91  &.
***********************************************************************************
```

Das Makro !MIXED2 unterscheidet sich von !MIXED1 in zweierlei Hinsicht. Die metrische Variable einkom91 wurde zusätzlich in die Analyse aufgenommen; anstelle des Trennzeichens „&" wird ein anderes Trennzeichen („§") verwendet.

Das Makro !MIXED3 veranschaulicht, wie für jedes einzelne Argument ein anderes einzelnes Trennzeichen verwendet werden kann, also z.B. „&" und „$" gleichzeitig; darüber hinaus ist dieses Beispiel um die nominale Variable ethgr ergänzt.

```
***********************************************************************************
*  !POS-Makro mit Positionsargumenten – Option !CHAREND('Zeichen')  *.
***********************************************************************************
   DEFINE  !mixed3 (!Pos !charend ('&') /
                    !Pos !charend ('$') ).
   frequencies var = !1.
   descriptives var = !2.
   !ENDDEFINE.

   !mixed3  famstand ausbild ethgr abschlus geschl & alterhei einkom91  $.
***********************************************************************************
```

Verschiedene Trennzeichen müssen beim Makroaufruf allerdings in der richtigen Reihenfolge angegeben werden. Die Abfolge der Trennzeichen in den Positionsargumenten (!POS) muss z.B. der Abfolge der Trennzeichen im Aufruf entsprechen und umgekehrt.

!ENCLOSE ('Zeichen','Zeichen') – Listen durch Zeichenpaare

Bei der !ENCLOSE-Option werden bei der Makrodefinition ein oder mehrere Argumente so festgelegt, dass alle Zeichen zwischen den festgelegten Zeichenpaaren des Arguments berücksichtigt werden. Während bei !CHAREND eine Liste mit einem Zeichen nur rechts abgeschlossen wurde, wird bei !ENCLOSE eine (Teil)Liste mit zwei Zeichen links und rechts umschlossen.

Bei !ENCLOSE werden also alle Tokens berücksichtigt, die zwischen den angezeigten Stringpaaren in der Klammer stehen, die dadurch den Beginn und das Ende des zu berücksichtigenden Arguments festlegen. Wichtig ist, dass diese beiden Strings, die aus nur einem beliebigen Zeichen bestehen dürfen, nicht identisch sind, mit einem Komma voneinander getrennt sind, jeweils einzeln in Hochkommata formuliert sind und zusammen in einer Klammer stehen.

Üblicherweise werden bei !ENCLOSE runde oder eckige Klammern verwendet. Bei der Makroprogrammierung wird also ein erstes (eckiges) Klammerpaar (für !ENCLOSE) wiederum in einer (runden) Klammer (für das Argument, z.B. !POS) angegeben.

```
*****************************************************************************************.
* !POS-Makro mit zwei Positionsargumenten – Option !ENCLOSE ('Zeichen', 'Zeichen') *.
*****************************************************************************************.

DEFINE  !mixed4 (!Pos !enclose ('[', ']') /
                 !Pos !enclose ('[', ']') ).
frequencies var = !1.
descriptives var = !2.
!ENDDEFINE.

!mixed4 [famstand ausbild ethgr abschlus geschl] [alterhei einkom91] .
*****************************************************************************************.
```

Im Beispiel wird über den DEFINE-Befehl der Makroname vergeben, hier z.B. !MIXED4, um im Anschluss die positionalen Argumente festzulegen; üblicherweise geben runde oder eckige Klammern Beginn und Ende des Arguments an. Mit der ersten Klammer nach !ENCLOSE wird die notwendige Klammer für die Einschlussbedingungen geöffnet. Ein erstes Apostroph kennzeichnet die Festlegung des ersten Charakters, hier z.B. „[". Die Beschreibung des ersten Zeichens wird wiederum mit einem Apostroph abgeschlossen. Nach einem trennenden Komma wird wiederum mit einem Apostroph die Festlegung des zweiten Zeichens gestartet, hier z.B.

„]". Der Abschluss ist ein weiteres Apostroph. Eine weitere (runde) Klammer schließt die ursprünglich geöffnete Klammer für die Festlegung der Spezifikation. Dasselbe gilt für das zweite !ENCLOSE im Klammerausdruck. Da alle Makrobedingungen in Klammern nach der Namensvergabe festgelegt werden, stehen in der zweiten Zeile am Ende drei schließende Klammern. Die Vergabe von runden und eckigen Klammern erleichtert die Programmierung.

Die Prozeduren selbst entsprechen dem vorangegangen Beispiel und bedürfen somit keiner weiteren Erläuterung. Der Makrokörper weist SPSS an, die Häufigkeiten für das erste Argument auszugeben und die deskriptiven Statistiken für das zweite Argument. Nach dem Abschluss der Makrodefinition wird das Makro über !MIXED4 aufgerufen. Anders als in dem Beispiel zuvor werden die Variablen durch paarige und nicht durch einzelne Zeichen voneinander getrennt. Auch hier ist der Klammerinhalt nicht im Vorhinein festgelegt, sondern kann unkompliziert um weitere Variablen erweitert oder reduziert werden. Die Anzahl der Tokens, die einem Argument zugewiesen werden, kann ebenfalls durchaus unbestimmt sein. Die Beispiele im folgenden Abschnitt werden nun zeigen, wie bei der !CMDEND-Option kein abschließendes Zeichen rechts angegeben werden braucht.

!CMDEND – Liste ohne abschließendes Zeichen

Mittels der !CMDEND-Option kann z.B. eine Zuweisung zu einem Argument ab einer bestimmten Stelle im Makroaufruf bis zum Ende der Variablenliste erfolgen. Die !CMDEND-Option bezieht sich dabei immer nur auf das letzte aus einer Abfolge mehrerer Argumente. Für das letzte Argument kann mit !CMDEND dabei nicht nur die Auswahl der Variablen, sondern auch die der Befehle (z.B. Anwendungen) gesteuert werden. In anderen Worten: Für ein späteres Argument lassen sich zuvor ergangene Vorgaben mittels !CMDEND ändern. Die !CMDEND-Option kann sich somit effektiv nur auf das jeweils letzte Argument innerhalb einer Abfolge mehrerer Argumente beziehen. Was dies bedeutet, werden die folgenden Makrobeispiele veranschaulichen. Das erste Beispiel (!POS1) enthält nur ein einziges (positionales) Argument. Das nächste Beispiel (!POS2) enthält jedoch schon zwei (positionale) Argumente.

```
**************************************************************************.
*   !POS-Makro mit einem Positionsargument und einer Anwendung   *.
*                    – Optionen !CMDEND                          *
**************************************************************************.

    DEFINE !POS1 (!POS !CMDEND) .
    FREQUENCIES variables = !1 .
    !ENDDEFINE .

    !POS1 famstand ausbild ethgr abschlus geschl alterhei einkom91.
**************************************************************************.
```

Nach der Vergabe des Makronamens !POS1 wird im einzelnen positionalen Argument durch !CMDEND festgelegt, dass die angegebene Prozedur im Makrokörper für alle Tokens bis zum Befehlsende gelten soll. In diesem Falle bezieht sich FREQUENCIES auf die Ausgabe der Häufigkeiten für alle Variablen, die im Makroaufruf genannt sind.

Da nur ein Argument vergeben wurde, ist diese !CMDEND-Variante noch recht unkompliziert. Die folgenden Makros (!POS2, !POS3) enthalten jedoch zwei (positionale) Argumente und sind daher ein wenig anspruchsvoller.

```
**************************************************************************.
*   !POS-Makro mit zwei Positionsargumenten und zwei Anwendungen   *.
*        – Optionen !ENCLOSE('Zeichen', 'Zeichen') und !CMDEND    *.
**************************************************************************.

    DEFINE  !POS2 (!Pos !enclose( '(', ')') /
                   !Pos !CMDEND ) .
    frequencies var = !1.
    descriptives var = !2.
    !ENDDEFINE.

    !POS2  (famstand ausbild ethgr abschlus geschl) alterhei einkom91 .
**************************************************************************.
```

Das Makro !POS2 enthält zwei Argumente. Das erste positionale Argument bezieht sich auf die Zeichen, die im Makroaufruf in (runden) Klammern stehen. Das zweite positionale Argument bezieht sich im Makroaufruf auf alle verbleibenden Tokens. Im Makrokörper wird der ersten Position eine Häufigkeitsanalyse mittels FREQUENCIES zugeordnet, der zweiten Position die Ausgabe deskriptiver Statistiken mittels DESCRIPTIVES. Im abschließenden Makroaufruf werden der ersten Position (FREQUENCIES) die Variablen innerhalb der Klammer zugeordnet und der zweiten Position (DESCRIPTIVES) die Variablen alterhei und einkom91.

```
*********************************************************************.
*   !POS-Makro mit zwei Positionsargumenten und zwei Anwendungen  *.
*                – Optionen !TOKENS(Zahl) und !CMDEND            *.
*********************************************************************.
    DEFINE !POS3 (!POS !TOKENS(2)
              / !POS !CMDEND).
    frequencies variables = !1.
    correlations variables = !2.
    !ENDDEFINE .

    !POS3 alterhei geschl einkom91 einkbefr einwohn.
*********************************************************************.
```

In der Argumentzuweisung von Makro !POS3 werden durch !TOKENS die ersten beiden Variablen als ein Token betrachtet, mit dem positionalen Argument !1 verknüpft und einer Häufigkeitsanalyse unterzogen (FREQUENCIES). Über !CMDEND werden die verbleibenden Variablen mit !2 verknüpft. Durch die Zuweisung der verbleibenden Variablen auf eine andere Anwendung (CORRELATIONS) kann mit !CMDEND also nicht nur die Auswahl der Variablen, sondern auch die der Anwendungen gesteuert werden.

Korrelationen

		Familieneinko mmen 1991	Einkommen des Befragten	Einwohner in 1000
Familieneinkommen 1991	Korrelation nach Pearson	1	,707	,047
	Signifikanz (2-seitig)		,000	,204
	N	1434	979	728
Einkommen des Befragten	Korrelation nach Pearson	,707	1	,041
	Signifikanz (2-seitig)	,000		,359
	N	979	994	499
Einwohner in 1000	Korrelation nach Pearson	,047	,041	1
	Signifikanz (2-seitig)	,204	,359	
	N	728	499	757

In einem Makro ist die Angabe maximal eines !CMDEND möglich. Da sich die !CMDEND-Option im einfachsten Fall (wenn nur ein Argument angegeben ist, vgl. !POS1) auf alle auszuführenden Prozeduren bezieht, ist eine Änderung der Reihenfolge der Argumentzuweisungen weder möglich, noch sinnvoll. Bei mehreren Argumenten ist es ebenfalls nicht sinnvoll, eine !CMDEND-Option an eine andere Stelle als des letzten Arguments zu platzieren, denn würden einer !CMDEND-Option weitere folgen, werden diese einfach nicht weiter berücksichtigt; eine Fehlermeldung wäre darüber hinaus die Folge.

Insgesamt betrachtet erscheinen nach Ansicht des Verfassers die !TOKENS(Zahl)- und die !CMDEND-Optionen in der Handhabung starrer und inflexibler, was aber nicht zwingend von Nachteil sein muss. Für regelmäßige Vorgänge, wie z.B. Analysen, in denen sich lediglich die Inhalte von Variablen, aber nicht die Variablen selbst ändern, ist diese Form der Makroprogrammierung hoch effizient. In anderen Anwendungszusammenhängen wird jedoch der flexible Umgang mit den Daten mit den !CHAREND oder !ENCLOSE-Varianten von Vorteil sein.

9.6.4. SET-Optionen für die Makronutzung

SET bietet verschiedene Optionen an, die die Möglichkeiten und den Umfang der Makronutzung auf einer eher globalen SPSS-Ebene beeinflussen:

- MPRINT (YES oder NO): Mit der Option YES (entspricht ON) werden im Logfile die Befehle angezeigt, die nach der Makroexpansion zur Ausführung gelangen. Diese Option ist dann von Vorteil, wenn ein neu geschriebenes Makro auf mögliche Fehlerfreiheit oder Modifikationen hin untersucht werden soll. MPRINT stellt in der SPSS-Ausgabe die Einzelschritte eines Makros dem eigentlichen Output voran und macht es leichter, sich im Umgang mit Makros sicherer zu fühlen.

- MEXPAND (YES oder NO) bestimmt, ob die Makroexpansion ausgeführt oder unterdrückt werden soll, deshalb ist die Default-Einstellung YES. Eine Deaktivierung ist u.a. dann sinnvoll, wenn das Makro geschrieben bzw. umgeschrieben werden soll oder wenn die Nutzung mehrerer Makros in einer Sitzung zu Konflikten führen kann.

- MNEST legt das Maximum für Ebenen fest, die innerhalb eines Makros eingebettet sein können. Die Voreinstellung beträgt 50, eine Änderung ist also nur bei einer noch größeren Anzahl an Makroebenen notwendig.

- MITERATE stellt die maximale Anzahl an Loops („Schleifen") ein, die innerhalb eines Makros wiederholt werden können. Die Voreinstellung ist 1000.

Diese SET-Anpassungen können mittels des PRESERVE/RESTORE-Befehlspaares flexibel eingestellt werden. Mit dem PRESERVE-Befehl können die Einstellungen dieser vier SET-Befehle, so wie sie zu diesem Zeitpunkt (nicht) aktiv sind, gespeichert und mittels des RESTORE-Befehls wieder hergestellt werden.

Anhand eines Makros aus 9.6.3. wird im Folgenden die Wirkweise der Einstellungen (MPRINT = ON, PRINTBACK = YES) im dazugehörigen Output inklusive der makrospezifischen Kommentare veranschaulicht:

```
*************************************************************************************
*  !POS-Makro mit Positionsargumenten !TOKENS(Zahl) und !CMDEND  *.
*************************************************************************************
SET PRINTBACK=ON MPRINT = ON.

DEFINE !mixed5  (!POS !TOKENS(1)
                / !POS !CMDEND).
frequencies variables = !1.
correlations variables = !2.
!ENDDEFINE .

!mixed5 geschl einkbefr einwohn.
*************************************************************************************
```

SPSS gibt nach dem Starten des Makros folgenden Output aus. Wie unschwer zu erkennen, finden sich hier zusätzlich zu den Standardausgaben von Statistiken Kommentare im Output, die selbsterklärend sind (z.B. „202 M" und „203 M") und das Nachvollziehen der Makroausführung v.a. bei einer etwaigen Fehlersuche erleichtern.

```
SET PRINTBACK=ON MPRINT = ON.
 191 M>  SET PRINTBACK=ON MPRINT = ON.
 192 M>
DEFINE !mixed5  (!POS !TOKENS(1)
 193 M>  DEFINE
 194 M>   !mixed5 (!POS !TOKENS(1)
                 / !POS !CMDEND).
 195 M>   / !POS !CMDEND).

frequencies variables = !1.
 196 M> frequencies variables = !1.
correlations variables = !2.
 197 M> correlations variables = !2.
!ENDDEFINE .
 198 M>  !ENDDEFINE .
 199 M>
!mixed5 geschl einkbefr einwohn.
 200 M>
 201 M>  .
 202 M>  frequencies variables = geschl .
```

Häufigkeitstabelle

Geschlecht

		Häufigkeit	Prozent	Gültige Prozente	Kumulierte Prozente
Gültig	männlich	641	42,7	42,7	42,7
	weiblich	859	57,3	57,3	100,0
	Gesamt	1500	100,0	100,0	

203 M> correlations variables = einkbefr einwohn
204 M> .

Korrelationen

		Einkommen des Befragten	Einwohner in 1000
Einkommen des	Korrelation nach Pearson	1	,041
Befragten	Signifikanz (2-seitig)		,359
	N	994	499
Einwohner in 1000	Korrelation nach Pearson	,041	1
	Signifikanz (2-seitig)	,359	
	N	499	757

9.7. Makroprogrammierung, Fallstricke und Fehlalarme

Dieser Abschnitt wird auf mögliche Fehlerquellen bei der Makropro-grammierung hinweisen, um bei den ersten Schritten durch das Vermeiden von Fallstricken und Stolpersteinen schnelle Erfolgserlebnisse gewährlei-sten zu können.

Im Wesentlichen gibt es drei Stellen, bei denen bei der Makroprogram-mierung Fehler gemacht werden können. Erstens betrifft dies die Makro-definition selbst, zweitens den Makroaufruf, wenn z.B. eine fehlerhafte Zuordnung erfolgt und drittens die oft übersehene Datengrundlage.

Bei der Makrodefinition sind Tippfehler eine erste Fehlerquelle bei Zei-chen (z.B. ! oder /) bei der Angabe von Namen, Argumente, Optionen und Trennzeichen; der Makrokörper selbst ist v.a. anfällig für Logikprobleme oder einer nicht korrekten Zuweisung von Argumenten. Ist das Makro selbst korrekt, können auch Fehler beim Makroaufruf auftreten. Da ein Makroaufruf ein funktionierendes Makro voraussetzt, ist bei einem nicht funktionierenden Makroaufruf zunächst vorsichtshalber das aufzurufende Makro selbst zu überprüfen. Fehler beim Makroaufruf sind oft leichter zu identifizieren als fehlerhafte Makros. Wenn mit mehreren Makros gearbei-tet wird, sind darüber hinaus mögliche Konflikte zwischen verschiedenen Makros in einer Sitzung zu berücksichtigen.

Grundsätzlich sollte das SPSS-Log eingesehen werden, denn daran kann häufig erkannt werden, an welcher Stelle das Makro „hakt".

9.7.1. Keine Übereinstimmung von Makro und Makroaufruf

Die Art und Weise des Makroaufrufs hängt vom Inhalt des Klammerausdrucks, genauer: Art und Anzahl der Argumente ab. Für Makros mit ausgefüllten Klammern, also z.B. positionalen oder Schlüsselwortargumenten gilt: Der Makroaufruf muss zum Makro passen. Die Art, Anzahl und Reihenfolge der Token (z.B. Variablen) im Aufruf muss auf die Syntax des Makros abgestimmt sein. Weichen Makroaufruf und Makrodefinition voneinander ab, kann die Expansion nicht korrekt erfolgen. SPSS reagiert hier unterschiedlich; es passiert gar nichts oder eine Warnmeldung bzw. ein Fehlerhinweis werden ausgegeben.

In Anlehnung an Kapitel 9.6.3. soll hier die Auswirkung der nicht eindeutigen Zuweisung von Argumenten in Makrodefinition und Makroaufruf gezeigt werden. Die Anzahl der Zeichen im Makro (z.B. Option !TOKEN, n=5) muss mit der Anzahl der Variablen im Makroaufruf (n=5) übereinstimmen, da sonst Warnungen im Output ausgegeben werden, wie hier z.B. für !tokens(4) bei sonst unverändertem Makro. Zur Demonstration hierzu nochmals das Beispiel unter 9.6.3.

```
*****************************************************************.
*   Makro mit einem Namensargument TOKENS(5) - 5 Variablen      *.
*                     - Fehlerfreier Ablauf                     *.
*****************************************************************.
    DEFINE !freq3 (key = !tokens (5) ).
    frequencies var = !KEY
    /barchart.
    !ENDDEFINE.

    !freq3 key = famstand ausbild abschlus alterhei geschl.
*****************************************************************.


*****************************************************************.
*   Makro mit einem Namensargument TOKENS(4) - 5 Variablen      *.
*                     - Mit Warnhinweis                         *.
*****************************************************************.
    DEFINE !freq3 (key = !tokens (4) ).
    frequencies var = !KEY
    /barchart.
    !ENDDEFINE.

    !freq3 key = famstand ausbild abschlus alterhei geschl.
*****************************************************************.
```

Warnungen

Im Unterbefehl HISTOGRAM, HBAR oder BARCHART wurde ein Schlüsselwort nicht akzeptiert. Gefunden: geschl

Da in der Makrodefinition lediglich vier Variablen zugewiesen werden, aber im Makroaufruf fünf Variablen angegeben sind, kann die Anwendung für die letzte Variable geschl nicht ausgeführt werden. Das Makro führt bei einem sonst korrekten Ablauf zu der oben angegeben Warnung.

9.7.2. Fehler bei der Makrodefinition (z.B. vergessene !-Zeichen oder Klammern)

Makros reagieren, wie gesehen, sehr empfindlich auf Tippfehler. Weitere Fehlerquellen können also falsch geschriebene Makronamen, Optionen oder auch „normale" Variablennamen sein. Das Makro wäre somit eigentlich korrekt bis auf die falsch geschriebene Option, z.B. das Vergessen von Ausrufezeichen usw. Fehler bei der Definition eines Makros dürften wohl die häufigste Fehlerquelle darstellen, denn gerade bei der Vielfalt der zu berücksichtigenden Konventionen können einzelne Zeichen leicht übersehen werden (vgl. dazu auch nochmals Abschnitt 9.6.3., !ENCLOSE ('Zeichen','Zeichen')).

In der folgenden Makrodefinition wurde das Ausrufezeichen vor dem !ENDDEFINE-Schritt vergessen. Im Log des Outputs erscheint das fehlerhafte Makro als reiner Text. Den Fehler erkennt man in diesem Falle durch eine Rückmeldung seitens SPSS am unteren Rand der in der aktuellen Sitzung geöffneten Fenster, nämlich „Erwarte !ENDDEFINE-Befehl". Sollte dieser Fehler weder entdeckt, behoben oder weiter ignoriert werden, wird er bei der weiteren Anwendung desselben (fehlerhaften) Makros oder auch anderer (richtiger) Makros zu Folgefehlern führen, weil gegen eine grundlegende Konvention der Makroprogrammierung verstoßen wurde, nämlich kein Makro innerhalb eines anderen Makros zu definieren. Dieser Verstoß löst folgende Fehlermeldung aus:

```
>Error # 6805 in column 1.  Text: DEFINE
>There is an instance of a DEFINE command nested within another DEFINE.
>Nested DEFINE's are not permitted.  All text up to the matching !ENDDEFINE
>will be skipped.
```

Diese Fehlermeldung ist unabhängig von der Funktionsfähigkeit des Makros! Diese Fehlermeldung wird also auch dann ausgelöst, wenn ein erstes, funktionierendes Makro innerhalb eines zweiten funktionierenden Makros

definiert wird. Die Fehlermeldung # 6805 kann durch einen separat ausge-
führten !ENDDEFINE-Befehl behoben werden.

Allein wenn eine einzelne Klammer falsch gesetzt oder vergessen wurde,
kann diese kleine Ursache eine große Wirkung in Gestalt einer umfangreichen Fehlerrückmeldung nach sich ziehen. Der Umfang der Fehlermeldung braucht aber nicht mit einer Schwere des Fehlers gleichgesetzt werden; in Wirklichkeit wird die Ausführlichkeit der Rückmeldung durch die
spezifische Abarbeitung eines Makros ausgelöst. Der erste Fehler löst eine
zweite Fehlinterpretation des Makros aus, diese wieder eine dritte usw. Im
Prinzip hat man es hier mit einem Art Schneeball- oder auch Dominoeffekt
zu tun. Was allerdings auch bedeutet: Ist der Fehler, der alle anderen Fehler nach sich zieht, behoben, werden auch alle anderen Fehler nicht mehr
auftreten. Mit dem nächsten Beispiel, Makro !FREQ8, wird versucht, die
„heiße Luft" dieser geballten Rückmeldungen etwas transparenter zu machen.

```
***********************************************************************
*  Fehlerhaftes Makro wegen fehlender Klammer              *
***********************************************************************
   DEFINE !freq8 (key = !tokens (4 ).
   frequencies var = !KEY
   /barchart.
   !ENDDEFINE.

   !freq8 key = famstand ausbild alterhei geschl.
***********************************************************************
```

Alleine die einzelne fehlende Klammer hinter !TOKENS (Zahl) löst
schwerwiegende Irritationen aus und führt letztlich zur Undurchführbarkeit
des Makros selbst. Durch die fehlerhafte Syntax kann die Makrodefinition
nicht als solche erkannt und somit auch nicht weitergeführt werden.

```
>Error # 6819 in column 256.  Text: (End of Command)
>The DEFINE command includes an invalid keyword specification. The
>recognized specifications are !DEFAULT, !NOEXPAND, !TOKENS, !CMDEND,
>!CHAREND, and !ENCLOSE.
>This command not executed.
```

Weil SPSS nun denkt, dass das Makro immer noch definiert wird, wird der
nachfolgende Text in der Erwartung einer abschließenden Klammer als
Bestandteil der Makrodefinition und nicht als Makroinhalt interpretiert.
Die Folge davon sind wieder weitere Fehlermeldungen.

```
>Error # 6811 in column 256.  Text: (End of Command)
>The name of one of the parameters on the DEFINE command is not a valid
>name. The name must begin with an alphabetic and contain a total of 1 to7
>alphanumeric characters.  The exclamation point is not part of the name as
>defined in the macro header,although it must appear as part of the name in
>the macro body.
```

```
frequencies var = !KEY
```

```
etc.
```

Nur weil ganz am Anfang eine einzige Klammer fehlt, treten beim Lesen des Makros bis zum !ENDDEFINE-Befehl immer wieder neue Fehler auf, die erst im Abschluss in ihrer Gesamtheit erkannt werden. Nun erst bemerkt SPSS, dass gar keine abschließende rechte Klammer vorhanden ist.

```
>Error # 6808.  Command name: DEFINE
>The definition of the parameters on the DEFINE command does not terminate
>with a right parenthesis.
```

In logischer Konsequenz kann der Makroaufruf als solcher nicht erkannt und auch nicht ausgeführt werden.

```
!freq8 key = famstand ausbild alterhei geschl.
```

```
>Error # 1.  Command name: !FREQ8
>The first word in the line is not recognized as an SPSS command.
>This command not executed.
```

Kleine Ursache, große Wirkung: Sie sehen also, wie und warum das Fehlen einer einzigen Klammer zu einem riesigen Fehleroutput führt.

9.7.3. Fehlalarm? Mehrere Makros mit demselben Namen in einer Sitzung

Die Warnung

```
„>Warning # 6804 in column 3.  Text: !MIXED5
>The macro name specified on the DEFINE command duplicates the name of a
>previously defined macro. This instance will take precedence."
```

bezieht sich auf die Tatsache, dass in der laufenden Sitzung schon ein Makro mit demselben Namen aktiv ist und dass nun die Funktionalität des zuletzt aufgerufenen Makros aktiv ist. Dies kann vor allem dann der Fall sein, wenn verschiedene Makros mit demselben Namen oder auch dasselbe Makro mehrfach ausgeführt werden.

9.7.4. Korrektes Einbeziehen fehlerhafter bzw. angemessener Dateneigenschaften

Dieser Punkt hat genau besehen nichts mit fehlerhaft programmierter Syntax zu tun. Die manchmal am schwersten zu identifizierende Fehlerquelle hat oft die einfachste Ursache. Die schönsten Makros können nicht funktionieren, wenn die Datengrundlage nicht korrekt ist.

Wird z.B. versucht, mittels eines Makros numerische Operationen vorzunehmen und ist in der an das Makro übergebenen Variablenliste z.B. eine Stringvariable enthalten, dann wird dieses Makro zu einer Fehlermeldung führen. Wobei diese Fehlermeldung allenfalls eine Art „Fehlalarm" ist; nicht das Makro ist fehlerhaft, sondern die Datengrundlage.

9.7.5. Logikfehler

Logikfehler treten erfahrungsgemäß erst beim zunehmend komplexeren Programmieren auf, wenn man also z.B. keine Übersicht über das Programm oder keinen Überblick in die Datengrundlage hat, die die Funktionalität des Makros gewährleisten soll. Einfache Logikfehler sind z.B., wenn das Makro versucht, an Stringvariablen numerische Optionen vorzunehmen, wenn !IF-, !THEN- und !IFEND-Bedingungen in sich widersprüchlich sind oder wenn die Bedingungen den Daten nicht angemessen sind. Eine Bedingung wartet z.B. auf eine bestimmte Rückmeldung, ausgelöst durch eine bestimmte Eigenschaft der Daten, die aber nicht erfolgt, weil die unterstellte Eigenschaft (z.B. Wertausprägung, Zeichenkette, Zeichenlänge usw.) gar nicht in den Daten enthalten ist. Zu Logikfehlern gehören auch Verstöße gegen Konventionen der Makroprogrammierung, z.B. der Versuch, ein zweites Makro innerhalb der Definition eines ersten Makros definieren zu wollen.

9.7.6. Wider ein Missverständnis

Dieser letzte Punkt möchte einem Missverständnis entgegentreten, nämlich des Einsatzes von Makros für die professionelle Datenanalyse. Datenanalyse und Statistik sind notwendigerweise spezifisch datengeleitet und können daher nur dann über Makros abgearbeitet werden, sofern diese flexibel und adaptiv genug sind, den Daten zugrundeliegende Eigenschaften (z.B.

Missings, asymmetrische Fallzahlen, von Variable zu Variable verschiedene Verteilungen, Ausreißer usw.) in die Analyse einbeziehen zu können. Inferenzstatistische Ergebnisse durch Makros, die z.B. keine Dateneigenschaften zu berücksichtigen erlauben, sind als eher explorativ anzusehen und auf jeden Fall um vertiefende Analysen zu ergänzen.

9.8. Ein kleiner Crashkurs

Sieben Schritte für das Schreiben von Makros

Schritt 1:
Fangen Sie mit einfachen Beispielen an.

Schritt 2:
Schreiben Sie erste Syntax nicht selbst, sondern übernehmen Sie die Syntax direkt aus dem SPSS-Output bzw. SPSS-Log.

Für beide Schritte gilt: Makroprogrammierung ist im Prinzip nicht schwierig, allerdings anfällig für Kleinigkeiten, z.B. vergessene Kommas oder Ausrufezeichen. Je überschaubarer ein Programm ist, umso einfacher können solche kleinen Ursachen schnell entdeckt und ihre oft irritierend große Wirkung behoben werden.

Schritt 3:
Legen Sie sich anfangs auf eine Gewichtung fest: Sollen (a) viele verschiedene einfache Anwendungen für eine Variable oder (b) ein und dieselbe Anwendung für (sehr) viele Variablen ablaufen?

Das Ziel dieser Gewichtung ist sich klar zu machen, was das Makro primär leisten können soll: Abarbeitung vieler (aller) Anwendungen oder Abarbeitung vieler (aller) Variablen? - Natürlich überschneiden sich beide Optionen. Ein und dieselbe Anwendung läuft natürlich auch bei nur einer Variablen, wie auch viele verschiedene Anwendungen oft auch bei vielen Variablen funktionieren. - Für die Planung der konkreten Umsetzung in Makros ist diese Überlegung oft in der Hinsicht sehr hilfreich, weil manche SPSS-Prozeduren nicht die listenweise Abarbeitung von Variablen erlauben, z.B. GRAPH / PIE. Von Abweichungen, z.B. in der Weise „Abarbeitung aller Anwendungen außer…" oder „Abarbeitung aller Variablen außer..." sollte man anfangs aus didaktischen Gründen die Finger lassen. Anfangs sollte die „alles oder nichts"-Regel beachtet werden.

> **Schritt 4:**
> Stellen Sie als Basis für das Makro die gewünschte SPSS-Syntax zusammen. Stellen Sie sicher, dass die Syntax funktioniert.

Dieser Schritt soll sicherstellen, dass keine unnötigen Fehler bei der Umsetzung von Syntax in Makroprogrammierung auftreten, z.B. dass die Syntax von vorneherein fehlerhaft ist oder dass die Daten nicht geeignet sind.

Beachten Sie auch Besonderheiten von SPSS-Syntax. Die Prozedur GRAPH akzeptiert z.B. nur einzelne Variablen; der Versuch, innerhalb eines Makros Variablen in Listenform an GRAPH zu übergeben, wird daher zu einem Fehler bzw. zu einem Nichtausführen des Makros führen. Stattdessen können die Variablen nacheinander an GRAPH übergeben werden, wie z.B. im folgenden Schritt.

Beispiel für eine wiederholte Prozedur

```
GRAPH
   /PIE=COUNT BY abschlus .

GRAPH
   /PIE=COUNT BY beschäft .

GRAPH
   /PIE=COUNT BY gebmonat .
```

So würde eine Zusammenstellung ein und derselben Prozedur für viele verschiedene Variablen aussehen, z.B. ABSCHLUS, BESCHÄFT und GEBMONAT.

An den beiden zusammengestellten Syntaxabschnitten ist auch die Quintessenz von Schritt 3 abzulesen, nämlich was darin das sich jeweils Wiederholende, das Gemeinsame ist. Im Beispiel darüber ist es die Prozedur (GRAPH / PIE); im Beispiel darunter ist es die Variable (ABSCHLUS).

Beispiel für eine wiederholte Variable

```
FREQUENCIES
   VARIABLES=abschlus
   /ORDER= ANALYSIS .

GRAPH
   /BAR(SIMPLE)=COUNT BY abschlus .

GRAPH
   /PIE=COUNT BY abschlus .
```

So würde eine Zusammenstellung funktionsfähiger Syntax vieler Prozeduren für eine Variable aussehen, z.B. für die Variable ABSCHLUS.

> Schritt 5:
> Ersetzen Sie das sich Wiederholende bzw. das Gemeinsame.

Wiederholt sich die Prozedur, schreiben Sie nur einmal die Syntax für die Prozedur und platzieren Sie an der Stelle der verschiedenen Variablen einen Platzhalter, z.B. in der Form „!i". Wiederholt sich die Variable, übernehmen Sie komplette Syntax und setzen an der Stelle der betreffenden Variablen ebenfalls einen Platzhalter. Auf die Unterschiede beim Umgang mit einer wiederholten Variablen (listenweise, variablenweise) wird weiter unten eingegangen.

Beispiel für eine wiederholte Prozedur

```
DEFINE mac1 (!POS!CHAREND('/')).
!DO !i !IN (!1).
GRAPH
 /PIE=COUNT BY !i.
!DOEND
!ENDDEFINE.
mac1 abschlus beschäft gebmonat /.
```

Beispiel für eine wiederholte Variable (listenweiser Ansatz)

```
DEFINE mac2 (!POS!CHAREND('/')).
!DO !i !IN (!1).
FREQUENCIES
 VARIABLES=!i
 /ORDER= ANALYSIS .
GRAPH
 /BAR(SIMPLE)=COUNT BY !i .
GRAPH
 /PIE=COUNT BY !i .
!DOEND
!ENDDEFINE.
mac2 abschlus /.
```

Beispiel für eine wiederholte Variable (variablenweiser Ansatz)

```
DEFINE mac3 (!POS !TOKENS(1)).
FREQUENCIES
 VARIABLES=!1
 /ORDER= ANALYSIS .
GRAPH
 /BAR(SIMPLE)=COUNT BY !1 .
GRAPH
```

```
/PIE=COUNT BY !1 .
!ENDDEFINE.
mac3 abschlus .
```

Das Makro „MAC2" ist nicht identisch wie die zugrunde liegende Aus-
gangssyntax; es läuft schneller, da die Variable ABSCHLUS nicht wiederholt eingelesen werden muss. Wird in MAC2 die Variablenliste aus MAC1
angegeben, werden Häufigkeitstabellen, Balken- und Kreisdiagramme für
alle drei Variablen ausgegeben. Makro MAC3 ist nicht gleich Makro
MAC2; in Makro MAC2 könnten auch mehrere Variablen über eine Liste
auf einmal angegeben werden, über das Makro MAC3 ist in dieser Programmvariante nur die Angabe einer einzelnen Variable zulässig.

Schritt 6:
Testen Sie das Makroprogramm.

Das Makro muss ein Ergebnis ausgeben und darf keine Fehlermeldung
auslösen. Gibt das Makro kein Ergebnis aus (z.B. keine Diagramme)
und/oder löst das Makro eine Fehlermeldung aus, sollte das Makro auf
Fehlerfreiheit überprüft werden (vgl. dazu die Tipps unter 9.7.).

Schritt 7:
Probieren Sie Variationen aus, verfeinern Sie es.

Nach einem erfolgreichen Testen können Sie eine wiederholte Abarbeitung derselben Prozedur um weitere Variablen ergänzen, die ausgewertet
werden sollen. Sie können die wiederholte Verarbeitung derselben Variablen um weitere Prozeduren ergänzen. Sie können auch beide Ansätze integrieren. Sie können nun auch versuchen, von der „alles oder nichts"-
Didaktik abzuweichen und erste geeignete Bedingungen oder Schleifen
aufzunehmen. Lassen Sie sich von den Syntax- und Makrobeispielen in
diesem Buch oder auch in Schendera (2004), Levesque (2003) oder einer
weiteren Veröffentlichung des Autors zu eigenen Programmierungen anre-
gen.

10. Übersicht

SPSS-Syntax, Anwendungsschwerpunkte und Grundfunktionen

Die folgenden Übersichten stellen die Anwendungsschwerpunkte und Grundfunktionen der grundlegenden SPSS-Befehle bzw. Prozeduren in Stichworten dar. Für weitergehende Informationen wird auf die SPSS Command Syntax Reference verwiesen.

Ebene: Datensatz		
An-wendung	**Prozedur / Be-fehl**	**Grundfunktion in Stichworten**
Einlesen	GET	Liest SPSS-Datensätze ein.
	IMPORT	Liest Datensätze im Format SPSS portabel ein.
	GET TRANSLATE	Liest Datenblätter und dBASE Dateien ein; unterstützte Formate sind 1-2-3, Symphony, Multiplan, EXCEL, dBASE II-IV und Tabulator-getrennte ASCII-Dateien.
	GET DATA	Liest EXCEL-Dateien, Textdatendateien und Datenbanktabellen (ODBC) ein.
	GET CAPTURE	Liest Datenbanktabellen u.a. über SQL-Befehle ein. Ein ODBC Treiber muss installiert sein.
	GET BMDP	Liest Daten im BMDP-Format ein; Funktionalität abgängig von SPSS-Version.
	GET OSIRIS	Liest Daten im OSIRIS-Format ein; Funktionalität abgängig von SPSS-Version.
	GET SCSS	Liest Daten im SCSS-Format ein; Funktionalität abgängig von SPSS-Version.
	GET SAS	Liest SAS Datasets und SAS Transportdateien ein.
	DATA LIST	Liest Textdatendateien ein.

	BEGIN DATA -END DATA	Wird mit DATA LIST verwendet, um zeilenweise Textdaten einzulesen.
	FILE TYPE	Definiert mittels MIXED, NESTED und GROPUED entsprechende Datenstrukturen (gemischt, genestet/hierarchisch und gruppiert).
	RECORD TYPE	Wird mit FILE TYPE verwendet, um komplexe Textdatendateien einzulesen.
	INPUT PROGRAM -END INPUT PROGRAM	Definieren Anfang und Ende eines Programmabschnitts zum Einlesen bzw. Transformieren von Daten, z.B. um fallweise Daten und/oder komplexe Datendateien anzulegen; oft mit den nachfolgenden Optionen: END CASE, END FILE, REREAD oder REPEATING DATA.
	END CASE	Wird mit INPUT PROGRAM verwendet, um mehrere Fälle pro Datenzeile als einzelne Fälle anzulegen.
	END FILE	Wird mit INPUT PROGRAM verwendet, um das Ende einer Datei anzuzeigen; genauer: mit dem Einlesen von Daten aufzuhören, bevor das Dateiende tatsächlich erreicht ist.
	REPEATING DATA	Wird mit INPUT PROGRAM verwendet, um Daten einzulesen, die pro Zeile regelmäßig gruppierte Daten mehrerer Fälle enthalten
	REREAD	Wird mit INPUT PROGRAM verwendet, um Datenzeilen wiederholt zu lesen.
	KEYED DATA LIST	Liest Rohdaten aus nichtsequentiellen Dateien ein: Dateien mit direktem Zugriff (direct-access), die einen direkten Zugriff über die Zeilennummer (=Fallnummer) und geschlüsselte Dateien, die einen Zugriff mittels eines Schlüssels (sog. „key", z.B. Sozialversicherungsnummer) verschaffen.
	POINT	Wird mit KEYED DATA LIST verwendet, um die Stelle festzulegen, an der der sequentielle Zugriff auf eine geschlüsselte (keyed) Datei beginnt oder wiederaufgenommen wird.
	NEW FILE	Legt einen leeren, neuen Arbeitsdatensatz an.
Speichern, Migrieren, Exportieren	SAVE	Speichert den Arbeitsdatensatz im SPSS-Format. Das Speichern mittels SAVE wird durch sich selbst ausgeführt.
	XSAVE	XSAVE speichert Daten im SPSS-Format

	EXPORT WRITE SAVE TRANSLATE	erst, nachdem die Daten für die nächste Prozedur eingelesen wurden, also mit einem Verarbeitungsschritt weniger. Speichert Daten im Format SPSS portabel. Speichert Daten als Text im Format ASCII-fest (vgl. WRITE FORMATS). Speichert Daten u.a. im Format SAS, 1-2-3, Symphony, Multiplan, EXCEL, dBASE II-IV oder als Text im Format Tabulatorgetrennt. Bei Datenbanken ODBC-Treiber erforderlich; zusätzliche Optionen sind Ersetzen von oder Hinzufügen zu bereits vorliegenden Datenbanktabellen. Nicht auf allen Betriebssystemen verfügbar.
Zusammen-fügen	ADD FILES MATCH FILES UPDATE	Fügt bis zu 50 SPSS-Datensätze zusammen, die dieselben Variablen, aber verschiedene Fälle enthalten, mit („interleave") bzw. ohne Schlüsselvariable/n („concatenate"). Fügt bis zu 50 SPSS-Datensätze zusammen, die dieselben Fälle, aber verschiedene Variablen enthalten, zeilenweise („parallel match") bzw. mit Schlüsselvariable/n („nonparallel match"). Ersetzt Werte im Masterdatensatz durch aktualisierte Werte.
Information, Dokumenta-tion	ADD DOCUMENT DISPLAY DOCUMENT DROP DOCUMENTS FILE LABEL SYSFILE INFO INFO	Speichert einen Textblock beliebiger Länge in einem SPSS-Datensatz. Zeigt Informationen aus dem Dictionary des Arbeitsdatensatzes. Ein „Dictionary" enthält Informationen zu Variablen und dem Datensatz selbst. Speichert einen Textblock beliebiger Länge in einem SPSS-Datensatz. Löscht jeden Text, der durch DOCUMENT oder ADD DOCUMENT hinzugefügt wurde. Weist einem Datensatz ein deskriptives Label zu. Zeigt die vollständigen Dictionary-Informationen aller Variablen im angegebenen SPSS-Datensatz. Stellt zwei Online Dokumentationen zur Verfügung: „Local" (zur Programmumgebung), „Update" (zu Erweiterungen bzw.

		Korrekturen von u.a. Prozeduren, Anwendungen oder Handbüchern).
Filtern (Subsets)	FILTER	Schließt Fälle aus der Analyse aus, ohne aus der Datei zu löschen.
	N OF CASES	Löscht alle außer den ersten N Fällen im Datensatz.
	SAMPLE	Zieht eine Zufallstichprobe aus dem Datensatz. Nicht ausgewählte Fälle werden gelöscht.
	SELECT IF	Wählt Fälle bedingungsgeleitet, auf der Basis logischer (z.B. &, ǀ) und relationaler (z.B. >, =,<) Operatoren aus. Nicht ausgewählte Fälle werden gelöscht.
	SPLIT FILE	Unterteilt den Datensatz auf der Basis einer oder mehrerer Splitvariablen in mehrere Untergruppen, die anschließend separaten Analysen unterzogen werden können.
	USE	Legt einen Bereich von Beobachtungen (Zeilen) fest.
Trans-formation	ERASE	Löscht die angegebene Datei.
	AGGREGATE	Fasst Fallgruppen zusammen oder legt neue Variablen an, die zusammengefasste Werte enthalten.
	CASESTOVARS	Restrukturiert komplexe Daten, die für einen Fall mehrere Zeilen enthalten.
	VARSTOCASES	Restrukturiert komplexe Datenstrukturen, in denen Informationen einer Variable in mehr als einer Spalte gespeichert sind.
	FLIP	Transponiert Zeilen (Fälle) und Spalten (Variablen).
Matrizen	MATRIX -END MATRIX	Zeigen Anfang und Ende eines Matrixprogramms an. Mittels Matrixprogrammen können eigene statistische Routinen in Matrixalgebra geschrieben werden. Nicht auf allen Betriebssystemen verfügbar.
	MATRIX DATA	Liest Matrizen im Rohformat ein und konvertiert sie in eine Matrixdatei, die von matrizenfähigen Prozeduren gelesen werden können.
	MCONVERT	Konvertiert Kovarianzmatrizen in Korrelationsmatrizen und umgekehrt.

Ebene: Variable

An-wendung	Prozedur / Befehl	Grundfunktion
Definition, Formatie-rung	APPLY DICTIONARY	Überträgt Dictionary-Informationen aus einem externen SPSS-Datensatz, u.a. bzgl. Variablen- und Wertelabels, Missings, Formate und Gewichte.
	VARIABLE LABELS	Weist Variablen beschreibende Labels zu.
	VALUE LABELS	Weist Werten beschreibende Labels zu.
	ADD VALUE LABELS	Weist Werten beschreibende Labels zu u.a. ohne zu überschreiben.
	VARIABLE LEVEL	Legt das Messniveau der Variablen u.a. für Analysen, Tabellen und Grafiken fest.
	MISSING VALUES	Definiert Werte als Kodes für Missings.
	RENAME VARIABLES	Ändert Namen von Variablen.
	PRINT FORMATS	Ändert das Druckformat einer Variablen, z.B. für die Prozedur PRINT.
	WRITE FORMATS	Ändert das Schreibformat einer Variablen, z.B. für die Prozedur WRITE.
	FORMATS	Ändert Druck- und Schreibformate von Variablen, u.a. für PRINT bzw. WRITE.
	VARIABLE ALIGNMENT	Legt die Ausrichtung von Werten im SPSS-Dateneditor fest.
	VARIABLE WIDTH	Legt die Spaltebreite der Variablen für die Anzeige im SPSS-Dateneditor fest.
Trans-formation	DELETE VARIABLES	Löscht Variablen aus dem Datensatz.
	SORT CASES	Sortiert einen Datensatz bzw. ordnet die Abfolge von Fällen auf der Basis einer oder mehrerer Variablenwerte um.
	WEIGHT	Gewichtet Fälle auf der Basis einer angegebenen Variable.
	AUTORECODE	Rekodiert die Werte von String- und numerischen Variablen in aufeinanderfolgende ganzzahlige Werte.
	COMPUTE	Legt neue numerische Variablen an oder ändert die Werte bereits vorliegender String- oder numerischer Variablen.
	COUNT	Zählt die fallweise Häufigkeit eines anzugebenden Wertes oder Strings über eine Liste von Variablen hinweg.

CREATE	Erzeugt eine neue Datenreihe (Variable) als eine Funktion einer bereits vorliegenden Datenreihe.
DATE	Erzeugt Variablen mit Zeit- und Datumsangaben; nicht zu verwechseln mit den Zeit- und Datumsfunktionen von COMPUTE.
LEAVE	Unterdrückt in kumulativen Berechnungen (COMPUTE) und Schleifen (LOOP) das erneute Anlegen von Variablen und behält den aktuellen Wert der angegebenen Variable/n, wenn das Programm den nächsten Fall einliest.
NUMERIC	Definiert neue numerische Variablen.
RANK	Erzeugt für die Werte numerischer Variablen neue Variablen, die stattdessen Rang-, Normal-, Savage- und ähnliche Werte enthalten.
RECODE	Ändert die Werte einer bereits vorliegenden Variable oder stellt sie um oder legt sie zusammen.
RMV	Ermöglicht Missings durch Schätzer zu ersetzen; mehrere Verfahren stehen zur Verfügung.
STRING	Definiert neue Stringvariablen.
REFORMAT	Konvertiert Variablen aus BMDP-Dateien und sehr alten SPSS-Dateien in das aktuelle SPSS-Format.

* Vgl. auch unter „Ebene: Datensatz": den Abschnitt „Information, Dokumentation".

Programmieren: Grundlegende und fortgeschrittene Anweisungen

An-wendung	Prozedur / Befehl	Grundfunktion
Basics	EXECUTE	Erzwingt das Lesen von Daten und führt die Transformationen aus, die EXECUTE. in der Befehlsabfolge vorangehen.
	COMMENT („*")	Mittels COMMENT bzw. „*", „*.", „/* und „*/" können in ein SPSS-Syntaxpro-

		gramm Kommentare eingefügt werden, ohne dass der Programmablauf beeinträchtigt wird.
Bedingungen und Schleifen	IF	Führt eine einzelne Transformation bedingungsgeleitet, auf der Basis logischer (z.B. &, I) und relationaler (z.B. >, =,<) Operatoren aus.
	DO IF-ELSE IF	Führt bedingt eine oder mehrere Transformationen auf der Basis logischer Ausdrücke aus.
	DO REPEAT	Wiederholt dieselben Transformationen an einem gegebenen Variablensatz.
	LOOP-END LOOP	Führt wiederholt Transformationen durch, vorgegeben durch Befehle innerhalb der Schleife, bis sie ein vorgegebenes Abbruchkriterium erreichen, z.B. über IF, MXLOOPS oder BREAK.
	VECTOR	Verknüpft einen Vektornamen mit einem Satz bereits vorliegender Variablen oder definiert einen Vektor neuer Variablen.
	BREAK	Wird mit LOOP und DO IF-ELSE IF verwendet, um Schleifen zu kontrollieren, die nicht vollständig durch Bedingungsanweisungen gesteuert werden können.
Skripte und Makros	DEFINE- !ENDDEFINE	Definieren Anfang und Ende eines SPSS-Makros.
	INCLUDE	Bezieht Befehle aus der angegebenen Datei ein.
	INSERT	Bezieht Befehle aus der angegebenen Datei ein, leistungsfähiger als INCLUDE.
	SCRIPT	Führt die angegebene Skriptdatei aus.
Sonstige*	TEMPORARY	Signalisiert den Anfang temporärer Transformationen (nur wirksam für die nächste Prozedur).
	HOST	Führt externe Befehle auf der Ebene des Betriebssystems aus.
	CLEAR TRANSFOR- MATIONS	Verwirft alle Datentransformationsbefehle seit der letzten Prozedur.
	FINISH	Veranlasst das Programm, keine weiteren Befehle zu lesen.
	CD	Ermöglicht für einen nachfolgenden Verweis auf Datensätze relative Pfade anzulegen.

	PERMISSIONS	Ändert die Lese/Schreibrechte für die angegebene Datei.

*Teilweise SPSS-Version 12 oder aktueller.

Einstellungen

An-wendung	Prozedur / Befehl	Grundfunktion
Cache	CACHE	Legt eine Kopie der Daten für schnelleres Verarbeiten in eine temporäre Datei auf der Festplatte ab.
Dateien	FILE HANDLE	Weist der angegebenen Datei (auch: Pfad) einen eigenen temporären Zeiger bzw. Verweis (sog. „file handle") zu.
Arbeits-sitzung, Programm-ablauf	PRESERVE	Speichert alle aktuellen SET-Angaben, die später durch den RESTORE-Befehl wiederhergestellt werden können.
	RESTORE	Stellt SET-Angaben wieder her, die zuvor mit einem PRESERVE-Befehl gespeichert wurden.
	SET	Erlaubt eine Arbeitssitzung bzw. einen Programmablauf individuell einzustellen (u.a. Makros, Ausgabeformat, Speicher, Logs, Schablonen, Währungen, usw.) Art und Umfang der Einstellungsmöglichkeiten hängen vom Betriebssystem ab.
	SHOW	Zeigt die aktuellen Einstellungen an; die meisten können mittels SET verändert werden.

SPSS-Ausgabe

An-wendung	Prozedur / Befehl	Grundfunktion
Formatie-rung	TITLE	Fügt eine Überschrift auf jeder Seite der Ausgabe ein.
	SUBTITLE	Fügt einen Untertitel auf jeder Seite der Ausgabe ein.
	ECHO	Gibt Zeichen (z.B. Kommentare) in Anführungszeichen als Text aus.
	PRINT EJECT	Steuert die Druckausgabe und kann anzugebende Informationen am Anfang einer neuen Ausgabeseite anzeigen.
	PRINT SPACE	Druckt Leerzeilen in der Ausgabe.
	PRINT bzw. LIST	PRINT bzw. LIST drucken die Werte der angegebenen Variablen als Text; bei PRINT ist im Gegensatz zu LIST eine Formatierung der Werte möglich.
Output Management System (OMS)	OMS	Kontrolliert Lenkung und Format der Ausgabe. Die Ausgabe kann an externe Dateien im XML-, HTML-, Text- und SPSS-Format gelenkt werden.
	OMSEND	Beendet aktive OMS (Output Management System) Befehle.
	OMSINFO	Zeigt eine Tabelle aller aktiven OMS Befehle.
	OMSLOG	Legt ein Log der OMS Aktivität an.

Komplexe Anwendungen

An-wendung	Prozedur / Befehl	Grundfunktion
Zeitreihen	MODEL NAME	Legt Namen und Label für ein Modell für die nächste Zeitreihenprozedur in der Sitzung fest.
	READ MODEL	Liest eine Modelldatei ein, die zuvor mittels

	SAVE MODEL	SAVE MODEL gespeichert wurde. Speichert ein Modell, mittels einer Zeitreihenprozedur angelegt, in einer Datei ab.
	TDISPLAY	Zeigt Informationen gegenwärtig aktiver Zeitreihenmodelle.
Scoring	MODEL HANDLE[*]	Liest eine externe XML Datei mit Angaben für ein prädikatives Modell ein und verknüpft einen Zeiger mit dem gecachten Modell (sog. „model handle").
	MODEL CLOSE[*]	Verwirft Modelle im Cache und die Bezeichnung der zugewiesenen Zeiger bzw. Verweise.
	MODEL LIST[*]	Listet die gegenwärtig wirksamen Zeiger bzw. Verweise auf.

[*] Jeweils nur SPSS-Server Version oder SPSS-Batch Facility (SPSSB).

11. Hinweise für Macintosh-User

SPSS bietet auch eine Version für den Macintosh an. Die aktuellste Version ist gegenwärtig SPSS 11.0 for MAC OS X, genauer: 11.0.3. SPSS 11.0 for Mac OS X ist gegenwärtig nur in englischer Sprache lieferbar, was jedoch für die Syntax- und Makroprogrammierung ohne Belang ist.

Weitere Systemvoraussetzungen sind: Mac OS X 10.1.2 and 10.2, PowerPC G3 (einschl. aller iMacs und iBooks), mind. 192 MB RAM, mind. 120 MB freier Festplattenplatz und mind. 233 Mhz. Je nach Mac Version kann auch eine Netzwerkinstallation noch nicht möglich sein; auch stehen nicht alle Module zur Verfügung.

Generell gilt: Auf Windows Systemen entwickelte SPSS-Syntax bzw. programmierte SPSS-Makros können auch auf Macs eingesetzt werden.

Bei der praktischen Arbeit sind nur drei wesentliche Aspekte zu beachten. SPSS for Windows hat üblicherweise einen größeren Funktionsumfang als SPSS for Mac, z.B. Exact Tests, Maps oder auch Complex Samples. Windows Makros funktionieren also auch auf einem Macintosh, solange die Mac Version die Module lizenziert hat, auf die aus SPSS for Windows übernommene Programme zuzugreifen versuchen. Versuchen die Programme dagegen auf Module zuzugreifen, die für den Mac (noch) nicht zur Verfügung stehen, dann werden diese Pogramme auch nicht funktionieren.

Der zweite wichtige Aspekt ist die Pfadangabe. Die in SPSS for Windows entwickelten Programme können mit einer Ausnahme unverändert auf einem Macintosh ausgeführt werden. Als einzige Konzession an das neue Betriebssystem müssen die Pfadangaben angepasst werden.

Windows (z.B.)	GET FILE='C:\Eigene Dateien\Pfad\Projekt\Datensatz.sav'.

Macintosh (z.B.)	GET
	    FILE='Macintosh'+
	    ' HD:Users:chris:chris_010505:Eigene_Dateien:Pfad:Projekt:
	Datensatz.sav '.

Die benötigen Mac-Pfade können nach einer Mausansteuerung unkompliziert dem Log entnommen und an die entsprechende Stelle der Windows-Pfadangaben gesetzt werden.

Ein letzter Aspekt ist die Spracheinstellung von Macs. Diese kann dazu führen, dass in SPSS for Windows korrekt vergebene Labels mit Sonderzeichen (Umlaute etc.) völlig falsch wiedergegeben werden, z.B.

> VAR1 "Beurteilung KigŠ Frage 1 / PostT"
> VAR2 "Kšrpergršsse in cm"

In diesem Falle müsste entweder die Spracheinstellung im Mac angepasst werden. Oder die Platzhalter (wie z.B. Š oder š) werden über „Suchen" und „Ersetzen" durch die richtigen Sonderzeichen oder zumindest Umlautversionen ersetzt, z.B. anstelle von „ä" ein „ae" usw.

12. Ihre Meinung zu diesem Buch

Das Anliegen war, dieses Buch so umfassend, verständlich, fehlerfrei und aktuell wie möglich abzufassen, dennoch wird sich sicher die eine oder andere Ungenauigkeit oder Missverständlichkeit den zahlreichen Kontrollen entzogen haben. In vielleicht zukünftigen Auflagen sollen die entdeckten Fehler und Ungenauigkeiten idealerweise behoben sein. Auch SPSS hat sicher technische oder statistisch-analytische Weiterentwicklungen durchgemacht, die vielleicht berücksichtigt werden sollten.

Ich möchte Ihnen an dieser Stelle die Möglichkeit anbieten mitzuhelfen, dieses Buch zu SPSS noch besser zu machen. Sollten Sie Vorschläge zur Ergänzung oder Verbesserung dieses Buches haben, möchte ich Sie bitten, eine *E-Mail* an folgende Adresse zu senden:

SPSS1@method-consult.de

im „Betreff" das Stichwort „Feedback SPSS-Buch" anzugeben und unbedingt mind. folgende Angaben zu machen:

1. Auflage

2. Seite

3. Stichwort (z.B. ‚Tippfehler')

4. Beschreibung (z.B. bei statistischen Analysen)
   Programmcode bitte kommentieren.

Herzlichen Dank!
Christian FG Schendera

Literatur

Cabena P, Hadjinian P, Stadler R, Verhees J, Zanasi, A (1998) Discovering data mining – from concept to implementation. Upper Saddle River.

Levesque, R (2003) SPSS Programming and Data Management. A Guide for SPSS and SAS Users. SPSS Inc., Chicago

Schendera CFG (voraussichtlich 2005) Daten-Qualität mit SPSS.

Schendera CFG (2004) Datenmanagement und Datenanalyse mit dem SAS System. Oldenbourg, München.

SPSS 13.0 Command Syntax Reference (2004) SPSS Inc., Chicago.

Syntaxverzeichnis

Vorbemerkung: Dieses Verzeichnis verweist nur auf die großgeschriebenen Varianten der SPSS Syntax. Die erste Liste enthält zentrale Befehle und Optionen für die Makroprogrammierung.

Sachverzeichnis

Autor

Wissen und Erkenntnis sind methodenabhängig. Um Wissen und Erkenntnis beurteilen zu können, auch um die Folgen und Qualität darauf aufbauender Entscheidungen abschätzen zu können, muss transparent sein, mit welchen (Forschungs)Methoden diese gewonnen wurden. CFG Schendera's Hauptinteresse gilt daher der rationalen (Re)Konstruktion von Wissen, also des Einflusses von (nicht)wissenschaftlichen (Forschungs)Methoden (u.a. Statistik) jeder Art auf die Konstruktion und Rezeption von Wissen.

Gegen Ende seines Psychologie-Studiums (Heidelberg) machte sich CFG Schendera als Methodenberater und Data Analyst mit Method Consult (www.method-consult.de) selbständig. Method Consult bietet u.a. wissenschaftliche Methodenberatung bzw. Datenanalyse und Schulungen zu SPSS oder SAS (u.a. zu Datenqualität, Forschungsmethoden und multivariater Statistik). Zu den Auftraggebern und Kunden von Method Consult gehören mittlerweile Unternehmen, Forschungseinrichtungen, Ministerien und zahlreiche Privatpersonen aus Deutschland, Österreich und der Schweiz unabhängig von der Branche (z.B. Pharma, Marketing, Medizin). Betreuung unzähliger Forschungs- und Evaluationsprojekte (vgl. dazu die Referenzen auf der Webseite). Diverse Veröffentlichungen zu Forschungsmethoden, Evaluation und Statistiksystemen (SPSS, SAS). CFG Schendera ist u.a. Mitglied in der Deutschen Gesellschaft für Evaluation e.V. und der Schweizerischen Gesellschaft für Gesetzgebung e.V.